本书由教育部人文社会科学重点研究基地"山西大学科学技术哲学研究中心"、山西省"1331工程"重点学科建设计划资助出版

本书系国家社会科学基金青年项目"数学真理困境与当代数学实在论研究"（项目批准号：11CZX022）成果

科学技术哲学文库 | 丛书主编·郭贵春 殷 杰

数学真理困境与
当代数学实在论研究

◎刘 杰 著

科学出版社

北 京

图书在版编目（CIP）数据

数学真理困境与当代数学实在论研究 / 刘杰著. —北京：科学出版社，2019.9

（科学技术哲学文库 / 郭贵春，殷杰主编）

ISBN 978-7-03-062158-0

Ⅰ. ①数… Ⅱ. ①刘… Ⅲ. ①数学真理性-研究 Ⅳ. ①O1-0

中国版本图书馆 CIP 数据核字（2019）第 182037 号

丛书策划：侯俊琳　邹　聪

责任编辑：邹　聪　李香叶 / 责任校对：韩　杨

责任印制：徐晓晨 / 封面设计：有道文化

编辑部电话：010-64035853

E-mail：houjunlin@mail.sciencep.com

科 学 出 版 社 出版

北京东黄城根北街 16 号

邮政编码：100717

http://www.sciencep.com

涿州市般润文化传播有限公司 印刷

科学出版社发行　各地新华书店经销

*

2019年9月第 一 版　开本：720×1000　B5

2020年1月第二次印刷　印张：15 1/2

字数：200 000

定价：98.00 元

（如有印装质量问题，我社负责调换）

科学技术哲学文库

编　委　会

总　序

　　认识、理解和分析当代科学哲学的现状，是我们抓住当代科学哲学面临的主要矛盾和关键问题、推进它在可能发展趋势上取得进步的重大课题，有必要对其进行深入研究并澄清。

　　对当代科学哲学的现状的理解，仁者见仁，智者见智。明尼苏达科学哲学研究中心在 2000 年出版的《明尼苏达科学哲学研究》（*Minnesota Studies in the Philosophy of Science*）中明确指出："科学哲学不是当代学术界的领导领域，甚至不是一个在成长的领域。在整体的文化范围内，科学哲学现时甚至不是最宽广地反映科学的令人尊敬的领域。其他科学研究的分支，诸如科学社会学、科学社会史及科学文化的研究等，成了作为人类实践的科学研究中更为有意义的问题、更为广泛地被人们阅读和争论的对象。那么，也许这导源于那种不景气的前景，即某些科学哲学家正在向外探求新的论题、方法、工具和技巧，并且探求那些在哲学中关爱科学的历史人物。"[①] 从这里，我们可以感觉到科学哲学在某种程度上或某种视角上地位的衰落。而且关键的是，科学哲学家们无论是研究历史人物，还是探求现实的科学哲学的出路，都被看作一种不景气的、无奈的表现。尽管这是一种极端的看法。

　　那么，为什么会造成这种现象呢？主要的原因就在于，科

---

　　① Hardcastle G L, Richardson A W. Logical empiricism in North America//Minnesota Studies in the Philosophy of Science. Vol XVIII Minneapolis: University of Minnesota Press, 2000: 6.

学哲学在近 30 年的发展中，失去了能够影响自己同时也能够影响相关研究领域发展的研究范式。因为，一个学科一旦缺少了范式，就缺少了纲领，而没有了范式和纲领，当然也就失去了凝聚自身学科，同时能够带动相关学科发展的能力，所以它的示范作用和地位就必然要降低。因而，努力地构建一种新的范式去发展科学哲学，在这个范式的基底上去重建科学哲学的大厦，去总结历史和重塑它的未来，就是相当重要的了。

换句话说，当今科学哲学在总体上处于一种"非突破"的时期，即没有重大的突破性的理论出现。目前，我们看到最多的是，欧洲大陆哲学与大西洋哲学之间的渗透与融合，自然科学哲学与社会科学哲学之间的借鉴与交融，常规科学的进展与一般哲学解释之间的碰撞与分析。这是科学哲学发展过程中历史地、必然地要出现的一种现象，其原因在于五个方面。第一，自 20 世纪的后历史主义出现以来，科学哲学在元理论的研究方面没有重大的突破，缺乏创造性的新视角和新方法。第二，对自然科学哲学问题的研究越来越困难，无论是拥有什么样知识背景的科学哲学家，对新的科学发现和科学理论的解释都存在着把握本质的困难，它所要求的背景训练和知识储备都愈加严苛。第三，纯分析哲学的研究方法确实有它局限的一面，需要从不同的研究领域中汲取和借鉴更多的方法论的经验，但同时也存在着对分析哲学研究方法忽略的一面，轻视了它所具有的本质的内在功能，需要在新的层面上将分析哲学研究方法发扬光大。第四，试图从知识论的角度综合各种流派、各种传统去进行科学哲学的研究，或许是一个有意义的发展趋势，在某种程度上可以避免任何一种单纯思维趋势的片面性，但是这确是一条极易走向"泛文化主义"的路子，从而易于将科学哲学引向歧途。第五，科学哲学研究范式的淡化及研究纲领的游移，导致了科学哲学主题的边缘化倾向，更为重要的是，人们试图用从各种视角对科学哲学的解读来取代科学哲学自身的研究，或者说把这种解读误认为是对科学哲学的主题研究，从而造成了对科学哲学主题的消解。

然而，无论科学哲学如何发展，它的科学方法论的内核不能变。这就是：第一，科学理性不能被消解，科学哲学应永远高举科学理性的旗帜；

第二，自然科学的哲学问题不能被消解，它从来就是科学哲学赖以存在的基础；第三，语言哲学的分析方法及其语境论的基础不能被消解，因为它是统一科学哲学各种流派及其传统方法论的基底；第四，科学的主题不能被消解，不能用社会的、知识论的、心理的东西取代科学的提问方式，否则科学哲学就失去了它自身存在的前提。

在这里，我们必须强调指出的是，不弘扬科学理性就不叫"科学哲学"，既然是"科学哲学"就必须弘扬科学理性。当然，这并不排斥理性与非理性、形式与非形式、规范与非规范研究方法之间的相互渗透、融合和统一。我们所要避免的只是"泛文化主义"的暗流，而且无论是相对的还是绝对的"泛文化主义"，都不可能指向科学哲学的"正途"。这就是说，科学哲学的发展不是要不要科学理性的问题，而是如何弘扬科学理性的问题，以什么样的方式加以弘扬的问题。中国当下人文主义的盛行与泛扬，并不是证明科学理性不重要，而是在科学发展的水平上，社会发展的现实矛盾激发了人们更期望从现实的矛盾中，通过对人文主义的解读，去探求新的解释。但反过来讲，越是如此，科学理性的核心价值地位就越显得重要。人文主义的发展，如果没有科学理性作为基础，就会走向它关怀的反面。这种教训在中国社会发展中是很多的，比如，有人在批评马寅初的人口论时，曾以"人是第一可宝贵的"为理由。在这个问题上，人本主义肯定是没错的，但缺乏科学理性的人本主义，就必然走向它的反面。在这里，我们需要明确的是，科学理性与人文理性是统一的、一致的，是人类认识世界的两个不同的视角，并不存在矛盾。从某种意义上讲，正是人文理性拓展和延伸了科学理性的边界。但是人文理性不等同于人文主义，正像科学理性不等同于科学主义一样。坚持科学理性反对科学主义，坚持人文理性反对人文主义，应当是当代科学哲学所要坚守的目标。

我们还需要特别注意的是，当前存在的某种科学哲学研究的多元论与20世纪后半叶历史主义的多元论有着根本的区别。历史主义是站在科学理性的立场上，去诉求科学理论进步纲领的多元性，而现今的多元论，是站在文化分析的立场上，去诉求对科学发展的文化解释。这种解释虽然在一定层面上扩张了科学哲学研究的视角和范围，但它却存在着文化主义的倾向，存在着消解科学理性的倾向。在这里，我们千万不要把科学哲学与技术哲学混为一谈。这二者之间有重要的区别。因为技术哲学自身本质地赋有更多的文化特质，这些文化特质决定了它不是以单纯科学理性的要求为基底的。

在世纪之交的后历史主义的环境中，人们在不断地反思 20 世纪科学哲学的历史和历程。一方面，人们重新解读过去的各种流派和观点，以适应现实的要求；另一方面，试图通过这种重新解读，找出今后科学哲学发展的新的进路，尤其是科学哲学研究的方法论的走向。有的科学哲学家在反思 20 世纪的逻辑哲学、数学哲学及科学哲学的发展，即"广义科学哲学"的发展中提出了五个"引导性难题"（leading problems）。

第一，什么是逻辑的本质和逻辑真理的本质？

第二，什么是数学的本质？这包括：什么是数学命题的本质、数学猜想的本质和数学证明的本质？

第三，什么是形式体系的本质？什么是形式体系与希尔伯特称之为"理解活动"（the activity of understanding）的东西之间的关联？

第四，什么是语言的本质？这包括：什么是意义、指称和真理的本质？

第五，什么是理解的本质？这包括：什么是感觉、心理状态及心理过程的本质？[①]

这五个"引导性难题"概括了整个 20 世纪科学哲学探索所要求解的对象及 21 世纪自然要面对的问题，有着十分重要的意义。从另一个更具体的角度来讲，在 20 世纪科学哲学的发展中，理论模型与实验测量、模型解释与案例说明、科学证明与语言分析等，它们结合在一起作为科学方法论的整体，或者说整体性的科学方法论，整体地推动了科学哲学的发展。所以，从广义的科学哲学来讲，在 20 世纪的科学哲学发展中，逻辑哲学、数学哲

---

① Shauker S G. Philosophy of Science, Logic and Mathematics in 20th Century. London: Routledge, 1996: 7.

学、语言哲学与科学哲学是联结在一起的。同样，在 21 世纪的科学哲学进程中，这几个方面也必然会内在地联结在一起，只是各自的研究层面和角度会不同而已。所以，逻辑的方法、数学的方法、语言学的方法都是整个科学哲学研究方法中不可或缺的部分，它们在求解科学哲学的难题中是统一的和一致的。这种统一和一致恰恰是科学理性的统一和一致。必须看到，认知科学的发展正是对这种科学理性的一致性的捍卫，而不是相反。我们可以这样讲，20 世纪对这些问题的认识、理解和探索，是一个从自然到必然的过程；它们之间的融合与相互渗透是一个从不自觉到自觉的过程。而 21 世纪，则是一个"自主"的过程，一个统一的动力学的发展过程。

那么，通过对 20 世纪科学哲学的发展历程的反思，当代科学哲学面向 21 世纪的发展，近期的主要目标是什么？最大的"引导性难题"又是什么？

第一，重铸科学哲学发展的新的逻辑起点。这个起点要超越逻辑经验主义、历史主义、后历史主义的范式。我们可以肯定地说，一个没有明确逻辑起点的学科肯定是不完备的。

第二，构建科学实在论与反实在论各个流派之间相互对话、交流、渗透与融合的新平台。在这个平台上，彼此可以真正地相互交流和共同促进，从而使它成为科学哲学生长的舞台。

第三，探索各种科学方法论相互借鉴、相互补充、相互交叉的新基底。在这个基底上，获得科学哲学方法论的有效统一，从而锻造出富有生命力的创新理论与发展方向。

第四，坚持科学理性的本质，面对前所未有的消解科学理性的围剿，要持续地弘扬科学理性的精神。这应当是当代科学哲学发展的一个极关键的方面。只有在这个基础上，才能去谈科学理性与非理性的统一，去谈科学哲学与科学社会学、科学知识论、科学史学及科学文化哲学等流派或学科之间的关联。否则，一个被消解了科学理性的科学哲学还有什么资格去谈论与其他学派或学科之间的关联？

总之，这四个从宏观上提出的"引导性难题"既包容了 20 世纪的五个"引导性难题"，也表明了当代科学哲学的发展特征：一是科学哲学的进步越来越多元化。现在的科学哲学比过去任何时候，都有着更多的立场、观点和方法；二是这些多元的立场、观点和方法又在一个新的层面上展开，愈加本质地相互渗透、吸收与融合。所以，多元化和整体性是当代科学哲学发展中一个问题的两个方面。它将在这两个方面的交错和叠加中寻找自己全新的出路。这就是当代科学哲学拥有强大生命力的根源。正是在这个意义上，经历了语言学转向、解释学转向和修辞学转向这"三大转向"的科学哲学，而今转向语境论的研究就是一种逻辑的必然，是科学哲学研究的必然取向之一。

这些年来，山西大学的科学哲学学科，就是围绕着这四个面向 21 世纪的"引导性难题"，试图在语境的基底上从科学哲学的元理论、数学哲学、物理哲学、社会科学哲学等各个方面，探索科学哲学发展的路径。我希望我们的研究能对中国科学哲学事业的发展有所贡献！

郭贵春

2007 年 6 月 1 日

前　言

　　数学真理作为数学哲学研究的核心内容，是一个古老而又常新的话题。从毕达哥拉斯和柏拉图，到 20 世纪以来的数学哲学家，无不试图揭示何为数学真理。在众多尝试中，保罗·贝纳塞拉夫（Paul Benacerraf）独树一帜，从整体论出发探讨了各种数学真理解释理论之间的关系，指出现有的数学真理解释都不能同时满足一个恰当真理解释所必需的两个限制条件①，从而提出了著名的"数学真理困境"（The Dilemma of Mathematical Truth）。数学真理困境提出的最初动因，主要是针对实在论的认识论挑战，即如果认为数学对象客观存在，那么人类如何能够认识这些独立于我们的知识。而另一方面，反实在论者也同样面临数学真理困境的语义学难题，即如果否认数学对象的客观存在性，如何能够说明数学的真理本质以及数学在科学领域中的可应用性。在这个意义上，数学真理困境值得所有哲学立场认真思索与谨慎对待。

　　在求解数学真理困境这一任务的激励下，当代数学哲学家不断反思和优化自身理论，把关于数学真理性问题的研究推向了新的高度。这些新的研究成果绘就了当代数学哲学研究的繁荣景象。可以说，贝纳塞拉夫数学真理困境为数学真理问题的

---

　　① 这两个限制条件分别是：为数学与科学提供一致的语义学，即数学之为真与科学之为真应该满足相同的真值条件；为数学与科学提供一致的认识论，即认识数学与认识科学应该依赖于相同的可靠性证据。

研究做出了里程碑式的贡献，它开启了数学哲学研究的新篇章。四十六年来，对困境的突破始终是实在论和反实在论论争的焦点，已经成为两方维护自身、批驳对方理论的双刃剑。实在论作为探讨数学本质的特定视界，在新的土壤上复兴和成长起来一批自觉或不自觉的"新柏拉图主义"形式，如蒯因－普特南的不可或缺性论证（Quine-Putnam Indispensability Argument）、自然主义（Naturalism）、新弗雷格主义（Neo Fregean）、先物结构主义（Ante rem Structuralism）等。这些实在论的真理解释坚持数学真理的实在性和客观性，不仅能确保数学家在一个确定的、实在的基础上开展研究，而且也为科学家在科学探索活动中直接应用数学奠定了坚实的哲学基础。基于不同诉求与定位，这些实在论形式在不同路径上对数学真理困境做出的回应为"数学真理"这一传统问题的研究注入了新的活力。尽管各自又面临新的难题，但无论最终能否找到一种满意的数学真理解释，是否能突破真理困境，求解过程本身已经推进人类对数学本质和数学真理的深入认识。

本书全面考察当代数学实在论对该困境的解读、求解及各自面临的难题，剖析数学实在论突破这些难题的发展诉求，立足数学实践本身，揭示数学的本质特征，努力开拓数学实在论的全新领域。通过对范畴论作为数学基础的必要性、可行性以及向科学的外推性应用进行系统论证，最终提出范畴结构主义为数学实在论进行辩护。

全书分为绪论、六章具体性论述和结语。绪论简要阐述了数学真理观的变迁、数学真理困境的凸现和求解路向，以及数学实在论的实践选择。第一章主要剖析数学真理困境的本质与求解诉求；第二章主要分析基于"科学"的数学实在论的求解与"科学"优位的丧失；第三章阐释了以新弗雷格主义为代表的基于"语言"的数学实在论求解及其困境；第四章着重探讨了基于"自然"的数学实在论求解，分析了从基于"自然"走向基于"数学"的合理性和必然性；第五章介绍了基于"语境"的数学实在论进路及其发展桎梏；第六章系统剖析了基于"数学"的结构主义进路——范畴结构主义对数学实在论的辩护。结语通过论证范畴结构主义向科学实在论的方法论扩张，将数学与科学统一于范畴结构这一共同本质，尝试为数学真理困境提供解答。

从初涉数学真理困境问题到本书完稿已近十五载，写作过程艰辛却充实。本书的完成离不开恩师郭贵春教授的倾力指导，尤其是基于"语境"的数学实在论，无不渗透着他敏锐的洞察与深刻的思索；特别感谢科林·麦克拉蒂（Colin McLarty）教授关于范畴结构主义理论基础的讨论、指导与合作；感谢赵丹博士在探讨范畴结构主义的科学实在论辩护时提供的独特视角；感谢玛丽·兰（Mary Leng）博士、叶峰教授对文中部分章节提出的修改建议；感谢山西大学科学技术哲学研究中心给予我写作的良好环境与基金资助；感谢科学出版社和邹聪女士为本书顺利出版的辛勤付出。

本书以数学真理困境为起点，根据不同的求解路向把当代数学实在论进路划分为基于"科学"、基于"语言"、基于"自然"、基于"语境"以及基于"数学"的数学实在论，在元理论层面对当代数学实在论进行系统研究。鉴于笔者水平所限，书中疏漏之处在所难免，恳请各位专家和读者批评指正。

刘　杰

2018 年 7 月

目　　录

绪论

数学真理困境与数学实在论的实践选择

作为当代数学哲学研究的重要议题，对数学真理困境的求解始终是数学实在论和反实在论的论争焦点。随着求解该困境的不断深入，当代数学实在论与数学反实在论之争也不断升温，各自面临的新难题又反映为该困境在当代哲学视阈下的进一步升级。数学实在论作为探讨数学本质的特定视界，不仅能确保数学家在一个确定的、坚实的基础上开展工作，而且为科学家把数学直接应用于科学探索活动中奠定了坚实的哲学基础。因此，本书主要着眼于剖析当代数学实在论发展现状及其难题，深入透视其最新发展和进路，以数学与科学实践为基础挖掘数学与科学的内在结构关联，揭示数学的本质特征，为数学与科学提供恰当的、一致的本体论、认识论以及语义说明，为数学真理困境寻求可能的出路。

第一节　数学真理观的变迁

对数学真理的探寻与反思一直是数学哲学家研究的主要动力，也是数学哲学研究的核心内容。回答"什么是数学真理"这一问题，关键在于如何为数学本体进行定位。前溯至古希腊时期，柏拉图秉承毕达哥拉斯万物皆数的观念，提出数学是一类特殊对象（抽象对象），独立于物理实例以及人类思想而存在。与之相反，亚里士多德则强调数的从物属性，主张数学应如日常对象那样得到分析。基于柏拉图与亚里士多德对数学先物/从物的不同定位，对其后各时期数学真理观的形成与变迁都具有深刻影响。

这两大传统之间的冲突直至近代在康德那里得到整合。康德将数学定位为先天综合判断，试图在先物与从物之间找到一条中间道路，为数学知识何以可能提供直观说明。康德的《纯粹理性批判》（1781 年）之后直到蒯因（W. V. Quine）的"两个教条"（Two Dogmas）（1951 年），关于数学是先天综合的这一论断是否正确成为定位数学的焦点论题。经验主义对此提出否定，主张数学真理不是先天综合的，要么是分析的，要么只能是经验的。逻辑主义及某些版本的形式主义等基础主义采取了第一种选择，密尔（J. S. Mill）等经验主义者则采取第二种选择。20 世纪 30 年代初哥德尔（K. Gödel）提出的不完全性定理宣告了基于逻辑化、形式化、封闭性和完备性的数学基础主义计划无法实现。另一方面，经验主义面临的难题是，如果所有数学知识都是基于对经验的归纳概括，那么数学在极限上的精确性和可能性从何而来？

由此对数学本体先物/从物的定位，呈现为对数学知识进行分析/综合定位的不同真理观，哲学家研究的重点由单纯考察数学本体特征，转移到对数学知识的获得与把握之上。在维特根斯坦的影响下，数学哲学中也出现了语言学转向，卡尔纳普（R. Carnap）将数学视为一种语言，将数学真理视为由语言约定而来的真理。但数学的约定真理定位，遭到蒯因为代表的经验主义与哥德尔基于直觉概念的批判。蒯因强调所谓先天的与后天的、分析的与综合的真理之间没有明确界限，提倡用包括逻辑、数学和自然科学的整个信念网络来应对自然，主张所有真理都应由经验决定。哥德尔则根据不完全性定理指出，数学真理的内容要超出任何可能的语言约定，它是关于一个独立于物质世界，也独立于我们心灵的数学世界的真理。哥德尔把对数学真理的认识理解为基于我们对抽象数学概念的直觉，试图对这种所谓的数学直觉做出合理说明。尽管蒯因与哥德尔如何获得数学知识的解释各异，但都直接或间接地拥护数学真理的客观实在性。与之相对，一些哲学家在数学本体与真理性问题上放弃了对客观实在性的要求。以布劳维尔（L. E. J. Brouwer）为代表的直觉主义者提出，数学没有逻辑上的推演或预先存在的基础，而是依赖直觉获得的、纯粹心灵的构造物。社会建构论者则指出数学只是数学家们的行为，是实践过程中人类思想的自由创造物。

纵观不同时期哲学家对数学真理的揭示，从最初关注数学本体的定位到向对数学知识进行解释的焦点转移，实质上正是数学实在论与反实在论在本体论、认识论与语义学等不同层面的理论探索。以此为基础，我们可把现有数学真理解释大致归为两大类：一类强调数学真理的实在性和客观性，认为数学真理不依赖于人脑的意识而存在，这一思想最早可以追溯到柏拉图，并得到大多数数学实在论者的拥护，如哥德尔、蒯因、弗雷格等，尽管对数学真理的本质有不同定位，但其基本立场是一致的，即数学的真理性以数学对象的存在性为基本前提，无论是一种先物真理、概念真理还是经验真理，他们都承认数学真理的实在性和客观性，为数学提供的是一种实在论的真理解释；另一类真理解释则反对数学对象的客观存在性，反对把数学对象的存在性作为数学真理的基本前提。当然，在这种共识下，这两类数学真理解释间存在着很大差异。比如希尔伯特的形式主义强调数学的真理性在于数学形式体系的一致性，从而也承认数学真理具有客观性，而卡尔纳普的约定论则主张数学的真理性在于数学语言框架内部的协调性，直觉主义者和建构论者则强调数学真理是人类智能的结晶。但可以肯定的一点是，他们一致地否认数学实体的存在性，为数学提供的是一种反实在论的真理解释。两类数学真理解释的本质差异是实在论与反实在论之争在数学真理性问题上的体现。

第二节 数学真理困境的凸现

可以说，实在论与反实在论的数学真理观影响着整个数学哲学研究的进展，而且在一定程度上指导着数学家的研究方法和工作思路。比如实验数学的出现，使得数学研究工作在"证明"之外，引入了同一般自然科学相同的实验方法；又如在微分方程研究领域中数学工作者大量使用构造的方法去探索新的结果。越来越多的数学工作者也逐渐开始关注数学的"证明"方法和"构造"方法的可靠性和真理性，在数学领域内部展开了对数学真理性问题的讨论，并进一步延伸到数学实在论与数学反实在论的论争之中。

正是在这样的背景下，贝纳塞拉夫意识到数学实在论与数学反实在论之争对于阐明数学真理本质所带来的便利及困惑。他把问题的关键聚焦于数学的语言学转向之上，通过对这两类真理观的深入考察，指出人们对于数学真理的解释所遇到的困境之所在。他从全面的哲学立场，探讨了恰当的数学哲学为数学真理提供的解释应该符合怎样的条件。在 1973 年发表的题为"数学真理"（Mathematical Truth）的论文中，他指出对"什么是数学真理"这一问题的回答，完全依赖于人们对数学真理的不同解释。这些解释出于两种截然不同的考虑，一种是想要有一种齐一的语义学理论，关于数学命题的语义学与关于语言中其余部分的语义学并行不悖；而另一种是想要使数学真理的解释与一种合理的认识论紧密地吻合。在他看来，"几乎所有关于数学真理概念的解释，都可被看作是奉行这两种考虑中的某一个，而舍弃了另一个"。①比如实在论的真理解释认为数学对象是客观存在的，是不依赖于人脑的意识而存在的，因而数学命题应该与其他科学语言的命题具有齐一的语义解释。这种以类似的方法看待数学与非数学命题的真理解释，所付出的代价是无法对"我们如何能获得数学知识"这个问题做出恰当的说明。而反实在论则强调数学真理必须具有合理的认识论意义，这样做所付出的代价是不能将这些条件与真正的真值条件联结起来。目前关于数学真理的解释要么是实在论的，要么是反实在论的，这就形成了关于数学知识的两类完全不同的理论。而实在论与反实在论的解释从本质上是不相容的，选择其中一种对数学真理的解释必然会以放弃另一种解释为代价，这一两难境地被人们称为贝纳塞拉夫的"数学真理困境"。

第三节　数学真理困境的求解路向

　　数学真理困境的提出不仅与数学实在论和反实在论之争本质相关，更为突出的特点是它关注数学与科学的关系，要求为数学与科学提供一致的真理解释理论。因此对数学与科学如何定位成为数学实在论与反实在论求解该困境的根本出发点。考察求解该困境的各种进路，表现为基于"科学"、

---

① Benacerraf P. Mathematical truth. The Journal of Philosophy, 1973, 70 (19): 661.

基于"自然"、基于"语言"、基于"语境"与基于"数学"的不同定位。

基于"科学"是以科学实在论为标准或依赖科学实在论来阐释数学真理。蒯因、普特南（H. Putnam）、菲尔德（H. Field）等都是这一选择下的代表。以科学实在论为基础，蒯因、普特南提出著名的不可或缺性论证，指出数学对于科学是不可或缺的，因此可由科学的实在性确保数学的实在性。菲尔德、叶峰等则因对数学的解释不能满足其对科学实在论的强预设反对数学的不可或缺性与数学的实在性，从而提出数学虚构主义的反实在论。如菲尔德在其 1980 年的著作《没有数的科学：一种唯名论的辩护》（*Science Without Numbers：A Defense of Nominalism*）及 1989 年著作《实在论、数学与模态》（*Realism，Mathematics and Modality*）试图以时空点等基本物理概念重新书写经典力学，以完全代替数学在物理中的作用。对数学真理的彻底放弃是对数学真理困境的逃避，其方案的可行性与必要性也受到广泛质疑。

基于"自然"是以数学的自然主义为宗旨，强调数学自身发生、发展所蕴含的哲学意义。绝大多数数学哲学家都宣称自己秉承着这一原则，但一以贯之的哲学家是麦蒂（P. Maddy）。1990 年麦蒂在《数学中的实在论》（*Realism in Mathematics*）一书中，对传统柏拉图主义进行修正，运用"集合实在论"（Set-theoretic Realism）将数学与感知更为紧密地联系在一起，但对集合论的依赖会面临数学真理的可判定性问题，如连续统假设（CH）独立于 ZFC。1997 年麦蒂修正了其集合实在论思想，在《数学中的自然主义》（*Naturalism in Mathematics*）中提出数学的自然主义，进一步强调蒯因自然主义的科学实在论对于阐释数学实在论的重要意义，指出自然主义的基本特性是拒斥一切理论之上的或外部的评价。于 2007 年著作《第二哲学——一种自然化的方法》（*Second Philosophy：A Naturalistic Method*）中她把自然主义贯彻到底，将实践中数学方法置于哲学问题的首位。但割裂数学与科学之间的联系，麦蒂仍需进一步说明何以数学如此特殊，数学方法和数学实践为什么不像其他"非科学"的方法和实践那样受外在观点的批评。

基于"语言"强调语言在阐释本体论问题上的理论优位。赖特（C. Wright）和黑尔（B. Hale）在其著作《弗雷格的作为对象的数概念》（*Frege's Conception of Numbers as Objects*）（1983）中提出了新弗雷格主义进路，试图重新赋予逻辑以数学基础的地位，对数学真理困境做出回应，指出依据抽象原则、语境原则以及类包含原则，能够为数字概念的获得提供语言学说明，但最终仍未逃脱"凯撒难题"（Caesar Problem）的进一步拷问。

基于"语境"是把语境上升为整个世界观。将语境作数学与科学共同的探讨基底，尝试为数学与科学提供一致的语境论解释。1981 年施莱格尔（R. H. Schlagel）在《哲学与现象学研究》（*Philosophy and Phenomenological Research*）发表题为"语境实在论"（Contextual Realism）的论文，首次提出使用"语境实在"的概念为科学实在论辩护，并在其 1986 年出版的同名专著中介绍了语境实在论作为现代科学的一种形而上学纲领在知识和真理性问题上的基本特征。1997 年山西大学郭贵春教授在《哲学研究》上发表了《论语境》，指出语境实在论的提出既是实在论自身构建的需要，又是实在论与反实在论论争的迫切要求，它不可避免地成为实在论发展的一个极有前途的趋向。2009 年郭贵春、康仕慧发表《走向语境论世界观的数学哲学》一文，试图为数学本质、数学的实在性提供一种语境范式。运用语境分析方法能够为数学和科学提供一致的语义解释和认识论说明，使数学语言与一般的自然科学语言具有同样的地位。但语境论在对数学对象实在性的解释中无法揭示对数学对象的认识与把握过程，只能是对已有理论进行诠释与解读，欠缺有效论证。此外，语境的无穷倒退问题也有待进一步阐明。

基于"数学"就是关注数学实践本身，从实践出发挖掘数学的本质。20 世纪 30 年代由布尔巴基学派兴起的数学结构主义，正是这种方案的践行者。他们主张数学的本质在于结构，数学的本性不是抽象、孤立的个体对象，而是数学对象间的结构关系。该学派强调将结构关系作为实践研究方法，更启发一批哲学家与数学家从结构主义出发反思数学的基础以及数学的本质。基于对结构之本质的不同理解，主要出现了三种进路：先物结构主义、模态结构主义（Modal Structuralism）与范畴结构主义（Categorical Structuralism）。在坚持"数学本质即结构"的同时，夏皮罗（S. Shapiro）、雷斯尼克（M. Resnik）等学者进一步得到数学对象，即"结构中位置"（Resnik，1981；1997，Shapiro，1997；2006；2008）的先物结构主义。但其对先物结构的强调与数学实践不符。事实上，结构主义的初衷正是遵循真正的数学实践，任何基于哲学上的考虑而设置的本体承诺并不值得坚守。换言之，在无须对数学本体做出任何先物承诺的情况下，结构主义仍可以符合真正数学实践的方式得到呈现。因此，可行的出路是要么放弃对数学实践的忠诚，显然没有人愿意选择这样做；要么放弃先物结构主义的本体论立场，进一步反思数学结构的本质，为数学实践提供新的解释，如赫尔曼的模态结构主义。在普特南模态思想（Putnam，1967）的影响下，赫尔曼将模态逻辑与结构主义相结合，试图对算术、分析、代数与几何等数学理论进行重解，通过模态结构主义重塑数学。他强调，我们应避免对结构或位置进行逐个量化，而应将结构主义建立在某个域以及该域上恰当关系（这些关系满足由公理系统给出的隐定义条件）的二阶逻辑可能性上。赫尔曼（Hellman，1989）反对任何形式的本体论化归，以消除对任何数学对象的指称，因此其模态结构主义亦被称为消除结构主义（Eliminative Structuralism）。但对二阶逻辑的依赖导致模态结构主义无法做到脱离对数学的集合论化归，且其重塑数学的动机与可行性也遭到诸多质疑。因此，我们的任务清晰起来，即从数学实践出发，揭示数学的本质特征，努力开拓数学实在论的全新领域，为数学提供恰当的真理解释。

第四节　数学实在论的实践选择

本书以求解数学真理困境为起点，系统剖析当代数学实在论对该困境的解读、求解及各自面临的难题，立足数学实践本身，揭示数学的范畴论基础，为数学实在论提供范畴结构主义新辩护。通过对范畴论作为数学基础的必要性、可行性以及向科学的外推性应用进行系统论证，最终提出数学真理困境的范畴结构主义求解。

需要指出，范畴结构主义与基于"科学"、"语言"或"语境"的实在论进路具有本质上的区别。前者来自数学实践本身，升华凝练为哲学主张，这是对数学实践的最大忠诚，也是数学实在论发展的基本诉求。此外，它也不同于同样强调数学实践的基于"自然"之实在论，范畴结构主义不仅局限于数学实践本身，同时也注重挖掘科学实践所反映的数学结构特征。正因为如此，范畴结构主义对数学实在论的解释优势向科学实在论的拓展与应用才成为可能。这一基于"数学"本身来求解数学真理困境的理论探索，将对数学实在论与科学实在论中的结构实在论的发展提供有益的方法论启示。以范畴论结构主义在求解数学真理困境中的应用为基础，深入挖掘范畴结构主义进一步的研究域面，对促进当代数学哲学与科学哲学发展也将具有积极的理论和实践价值。

第一章
数学真理困境的本质与求解诉求

一直以来，对数学真理本质的探询始终是数学哲学研究的主要动力。1973 年贝纳塞拉夫发表了题为"数学真理"的论文，他在文中提出了人们关于数学真理性的探讨所遇到的困境。在他看来，数学真理性问题的核心仍然是数学真理的本质概念问题，它依赖于我们在数学中怎样恰当地解释真理，还依赖于我们如何认识数学知识。对于"什么是数学的真理"这一问题的回答，完全依赖于人们对数学真理的不同解释，依赖于对数学认识的不同解释。这些解释源自两种截然不同的考虑："①想要有一种齐一的语义学理论，关于数学命题的语义学与关于语言中其余部分的语义学并行不悖；②想要使数学真理的解释与一种合理的认识论紧密地吻合。"①按照他的观点，几乎所有关于数学真理概念的解释，都可被看作奉行这两种考虑中的某一个，而舍弃了另一个。

贝纳塞拉夫坚信，必定有一种适当的解释能够满足上述这两种考虑，然而在他看来，对数学以内和数学以外的真理和认识都做出解释的任何一揽子的语义学和认识论不能同时满足上述两种考虑。数学实在论认为数学与其他的科学一样，都是客观存在的，是不依赖于人脑的意识而存在的。他们以类似的方法处理数学和非数学论述的真理解释，坚持数学命题应该与其他科学语言具有同一的语义学解释。由此所要付出的代价是：无法说明我们如何获得关于数学的知识；而数学反实在论所提供的真理解释强调数学真理必须具有合理的认识论意义，提出把我们能够清楚地知道其存在的种种真值条件归之于数学命题的真理解释，但所付出的代价是不能说明把这些真值条件如何成为语句的真值条件。作为关于数学知识的两种截然不同的理论，每一种解释都是只满足上述条件之一，而必然以放弃另外一个条件为代价，这一两难境地被人们称为"数学真理困境"。

第一节　数学真理的两个限制条件

虽然贝纳塞拉夫在文章中是以数学真理理论提出他的观点，但实际上

---

① Benacerraf P. Mathematical truth. The Journal of Philosophy, 1973, 70 (19): 661.

他所要真正阐明的是全面的哲学观点。在他看来，"作为一种全面的观点，它是不能令人满意的——倒不是因为我们缺乏一种看上去令人满意的关于数学真理的解释，或者因为我们缺乏一种看上去令人满意的关于数学知识的解释，而是因为我们缺乏令人满意地将二者结合起来的任何解释"。①他本人没有提供这样的一种解释，但他为一个合理的数学真理解释提出了应满足的条件。

一、语义学限制

语义学限制是指关于数学命题与一般科学命题想要有一种齐一的语义学理论，关于数学命题的语义学与关于语言中其余部分的语义学并行不悖。这一条件直接涉及真理的概念，即要求有一种关于真理的全面的理论，依据这种理论，可以确认数学真理的解释确实是数学真理的解释。这种解释应当蕴涵数学命题的真值条件，这些条件显然是这些数学命题的真理的条件，而不单是它们在某个形式系统中的定理身份的条件。当然这并不是否认，成为某个系统的一个定理，可以是一个给定命题或一类给定命题的真值条件。这不仅是要求任何把定理身份作为一种真值条件提供出来的理论，同时也要求说明真理和定理身份之间的联系。也就是说，要求任何有关数学真理的理论应当与一种一般的真理理论相符合，这种一般的真理理论能够确认被称为"真理"的诸语句的属性确实是真理。在贝纳塞拉夫看来，只有把科学语言和数学语言作为一个整体来理解才有可能提供上述一般的真理理论。这就要求我们对包括数学和科学在内的所有名称、单称词、谓词以及量词都提供一致的语义解释。

在此基础上，贝纳塞拉夫进一步提出满足条件一的只有一种真理解释——塔斯基真理理论。塔斯基真理理论的基本特征是，在对语言进行一种特定的句法语义分析的基础上依据指称（或满足）去定义真理。塔斯基从区分对象语言与元语言出发，提出如下著名的语义学定义：

---

① Benacerraf P. Mathematical truth. The Journal of Philosophy, 1973, 70 (19): 663.

"雪是白的"是真的，当且仅当，雪是白的。

即我们得到"雪是白的"这一经验事实，以此作为充要条件，才可使"'雪是白的'是真的"，"雪是白的"这个句子表达的内容是真实的。也就是说，科学真理和事实之间有一种对应关系。塔斯基的定义确立了绝对的、客观的真理符合论。贝纳塞拉夫认为，对数学真理的任何假定的分析也必定是对至少在塔斯基意义上的一个真理概念的概念分析。这是因为依照塔斯基的真理定义理解的各个数学理论的真值定义将具有与用于经验科学理论同样的递归分句。也就是说，如果我们把数学语言和经验科学语言全都看作同一种语言的各部分，就能够为这种语言提供对量词的单一解释，而不管所研究的是哪一个分支学科。数学语言与经验科学语言就逻辑语法而言不会有所区别。其主要优点在于：在不那么深奥而较易于处理的领域中我们所使用的逻辑语法理论，对于数学仍然适用。我们只需采用一种一致的解释即可，而不必给数学发明另一种解释。

贝纳塞拉夫进一步指出，塔斯基真理理论为我们提供了关于真理的唯一可行的、系统性的一般解释。在他看来，选用这种真理理论所带来的后果是经济的，因为一旦逻辑关系服从于同一的处理，这些关系就不因题材而变。逻辑关系帮助定义"题材"的概念，塔斯基真理理论可以利用相同的一些推理规则，并对应用这些规则的推理过程进行说明，从而避免了双重标准。如果拒绝这种理论，数学推理就将需要一种新的、专门的解释。事实上，量词推理的标准用法是通过某种可靠性证明被确认为合理的。要想证实一阶逻辑中理论形式化的合理性，就要求确保前提的所有逻辑推论都能被推出并作为定理出现。贝纳塞拉夫认为塔斯基真理理论能够提供这种保证。

二、认识论限制

认识论限制是指想要使数学真理的解释与一种合理的认识论紧密地吻合。贝纳塞拉夫认为，关于数学合理说明的全面观点的第二个条件应预设我们具有数学知识，并且这样的知识正是数学上的。既然我们的知识是关于真理的，那么一个关于数学真理的解释要成为可接受的，就必须与具有数学知识的可能性相一致。这不是要论证不会存在不可知的真理，而只是要论证并非所有的真理都是不可知的，因为我们显然知道某些真理。于是他认为，"最低限度的要求是，关于数学真理的一个令人满意的解释一定要与某些这样的真理应当是可知的这一可能性相一致"。①也就是说，在明确数学真理的概念之后，必须使之与一种关于认识的全面解释相适合，以阐明我们如何获得我们所具有的数学知识。对于数学来说，一种可接受的语义学必须与一种可接受的认识论相适合。贝纳塞拉夫对此作了举例说明，指出如果有人知道克利夫兰在纽约和芝加哥之间，那是因为这个陈述的真值条件与他目前的"主观"信念状态之间存在着某种关系。不论我们对真理和认识的解释可能是什么，它们必定以这种方式彼此联结在一起。在数学中亦是如此，对于数学命题 p，使 p 为真的条件与我们对 p 的信念必定有可能被联结起来。

在认识论理论的选择上，贝纳塞拉夫赞成对知识的因果解释。依照这种解释，对于 X 来说，要知道 S 为真，就要求在 X 与 S 的名称、谓词和量词的关系前项之间得出某种因果关系。此外，贝纳塞拉夫承认关于指称的因果理论，这与他试图说明的 S 具有双重因果关系联结起来了，即我要知道"桌子上有个杯子"这个陈述为真，就需要在我和语词"杯子"的指称对象杯子之间有某种因果联结。

他把知识因果论当作最好的科学认识论，即如果 X 要知道 p，必须满足的条件之一是，X 的信念 p 和引起 X 相信这个信念为真的事实 p 之间应该有一种适当的因果关系。换句话讲，事实 p 是引起 X 相信 p 为真的原因。在他看来，作为对我们关于科学知识的解释，是沿着正确的路线进行的。比如关于中等大小对象的知识的解释，在因果关系上只涉及对这些对象本身的直接指称。在这种认识论解释下，科学知识呈现出最清晰且最易处理

① Benacerraf P. Mathematical truth. The Journal of Philosophy, 1973, 70 (19): 667.

的状态。由于数学知识与科学知识之间显然存在着某种相互依存的关系，因而我们也应该用这种因果认识论来解释数学知识。在此基础上，贝纳塞拉夫提出，应该用因果认识论来说明关于一般规律和理论的全部知识。不难看出，因果认识论显然遵循了经验主义者的路线。

总之，贝纳塞拉夫认为所有的知识都是用 p 去确定其恰当证据的可能范围。我们应该用自己对 X 的认识去确定是否会存在一种适当的相互作用，目前 X 是否相信 p 是以一种适当的方式与只有 p 为真才出现的情形处于因果联系中，是否他的证据是从 p 所确定的范围中取得的。如果不然，那么 X 就不可能认识 p。当 p 为真时必定会出现的情形与构成 X 的信念的原因之间必定存在某些关联，尽管这些关联可能具有不同的表现形式，但必定会存在某种关联把对 X 构成信念的根据与 p 的题材联系在一起。在 p 的真值条件与 p 被称为已知的根据之间，确立一种适当的关联必须是可能的。

第二节　数学真理困境的提出

贝纳塞拉夫认为这两个限制条件是一种合理的、恰当的数学真理理论都应该满足的。然而，目前关于数学真理所提供的解释理论都不能令他满意。关于数学真理的解释理论有两类，一类是柏拉图主义的观点；另一类是被贝纳塞拉夫称为的"组合"观点（Combinatorial View）。柏拉图主义把数学命题的逻辑形式同化于与之显然相似的经验命题的逻辑形式：即经验命题和数学命题同样包含着谓词、单称词和量词等。而"组合"的基本观点是：以有关算术语句的某些（通常是证明论的）句法事实为基础，指定算术语句的真值。真理性被认为等同于公理系统的形式可导性。这种观点事实上是对有关的任一特殊系统 S 中真理的要求，真理显然不是用指称、外延或满足来说明的，谓词"真"是从句法上被定义的。希尔伯特的解释和约定论都属于这一类。与柏拉图主义相对，这类观点对数学本体采取了截然相反的态度，因此我们也可称这种组合观点为反柏拉图主义的真理解释。在贝纳塞拉夫看来，这两类解释都不能同时满足他提出的两个限制条件，使得我们关于数学真理的解释面临一种两难的境地。

具体来看，不妨考察以下语句之间的关系：

（1）至少有三个比纽约更古老的大城市。

（2）至少有三个大于 17 的完全数。

在表面上，它们具有相同的"逻辑语法"形式，可表示为：

（3）至少有三个对 a 有关系 R 的 FG 的形式。

其中，"至少有三个"是一个数字量词，"F"和"G"为一元谓词，"R"为二元谓词，"a"为量词论域中的一个元素的名称。（1）和（2）是否具有同一的逻辑语法形式？是否为（3）的形式？（1）和（2）的真值条件是什么？它们是否一样？

在贝纳塞拉夫看来，柏拉图主义认为（2）具有（3）的形式，且更一般地讲，认为数学陈述的语形特征是其真值条件的正确标识。按这种观点理解的各个数学理论的真值定义将具有与用于经验科学理论同样的递归分句。这种观点符合语义学的限制，但面对认识论限制时就会出现问题。这是因为，一个令人满意的普遍的认识论要求：如果一个主体 X 要知道 p，那么在 p 的真值条件和 X 相信 p 的原因之间应该存在合理的因果关联。依照柏拉图主义的观点，由于一个真的数学陈述的真值存在于数字或其他抽象物的恰当关系中，而不处于时空中，因而它是外在于因果范围的。因此，如何能够获得这样合适的因果关系是十分不明确的，如何可能获得数学知识也是不清楚的。于是，关于数学语言的令人满意的解释要求，一方面，数学陈述应该与有可能被作为其真值条件的东西相联结；另一方面，它不应该导致为真的数学陈述不可能被知道为真。任何一个要求单独看来似乎都是令人满意的，而二者要同时满足问题就出现了。

另一类真理解释直接否定（3）根据是（2）构造的模型，其核心观点是将算术语句的真值条件看作由特定公理集的形式可导出性给出的。因此，这种真理解释具有认识论的根由，即不论数学的"对象"可能是些什么，我们的知识都得自于证明。证明必定是写出来的或说出来的，数学家们能够研究并最终认可这些证明。通过这些证明，我们才能获得数学认识并进行数学知识的传播。不言而喻，这种真理解释能极大地推动关于数学认识的产生及传播手段的研究。正是由于关注到证明在知识产生时的重要作用，这种真理解释就在证明本身之中寻求真理的根据。为了避免柏拉图主义在解释获得知识时所面对的困难，这种真理解释试图寻求概念活动来说明数学的产生。比如约定论就属于这类解释，该观点认为逻辑和数学的真理之为真依赖于显然的约定，即关于理论的那些公设。蒯因在《约定的真理》（*Truth by Convention*）中明确指出，逻辑的真理要被作为约定的产物来解释，确定出包含一个词的全部语境的真值足以确定那个词的指称。然而，在贝纳塞拉夫看来，假如我们已经有个真理概念，并且通过真值定义找出使我们感兴趣的那个词项的指称，那么也许会是这样。但是以此种方式并不能确定真理自身的概念。这种观点回避了在贝纳塞拉夫看来是通往一种真理解释的必由之路，即通过那些正在被定义真值的命题的题材。为认识论的考虑所激发，约定论者提出那些只要凡人就能确定满足或不满足的真值条件；但它们所付出的代价是它们没有能力把这些所谓"真值条件"与以它们为条件的那些命题的真理联系起来。贝纳塞拉夫认为，真理与指称应该是携手同行的。显然，一个约定概念不一定带着真理与它同行。当然，约定论者并没有强调约定好就保证了真理。但如果情况果真如此的话，那么我们能依赖于什么标准来区分约定反映真理与约定没有反映真理这两种情形呢？有人可能会提出把一致性作为这种标准。然而，贝纳塞拉夫进一步指出，对一致性的强调本身就是没有真正理解不一致性源于未获得真理证明这一事实的真正含义。更深层的原因是，人们对公理的约定并没有在命题与它们的题材之间建立联系，它至多限定了与那些约定相一致的真值定义的类，但对于一个恰当的真理解释理论来说这显然是远远不够的。

由于上述两类解释都不能同时满足贝纳塞拉夫提出的两个限制条件，

在贝纳塞拉夫看来，关于数学真理的解释陷于一种进退两难的境地。

第三节　数学真理困境的根源分析

贝纳塞拉夫假定指称是真理的必要条件，认为具有关于树木、行星、星云等的知识常常意味这些东西的存在性。他主张将这种推理简单地转移到数学语言中去，从而无须为数学发明一种特殊的语义学。因为事物本身就是存在的，人们的任务只是发现它们并描述其不同性质。他主张把塔斯基的语义学作为统一的语义学理论，就意味着要求数学语言中的谓词、单称词以及量词指称那些对象存在，即一个数学语句为真的真值条件就是，该语句中所包含的单称词所指称的数学对象存在。比如"'凯撒'指称凯撒（他的确存在），数字'13'指称数学对象13（对于一个柏拉图主义者来说是存在的）"。①贝纳塞拉夫对数学对象存在的这一要求源于数学语言的"解释学"需要。对他而言，就像历史学真理要求诸如凯撒的历史人物存在一样，数学真理也要求如13的素数存在。换言之，数学的这种塔斯基式的语义学解释预设了数学柏拉图主义的本体论。依照柏拉图主义的观点来看，数学对象是抽象的、独立于人脑而存在的。另一方面，由于贝纳塞拉夫赞同知识因果论的观点，导致他要求对数学真理提供一种经验主义的认识论。而经验主义认识论的基本诉求是认识主体与认识对象之间具有经验上的因果限制，这与柏拉图主义的本体论显然是对立的。可以说，正是贝纳塞拉夫要求柏拉图主义的本体论与经验主义的认识论进行结合，导致了数学真理困境的出现，它是数学真理困境出现的本质根源。

因此，要想突破困境，我们就必须对上述根源所涉及的柏拉图主义本体论和经验主义的认识论进行深入全面的分析，以期能在其中找到问题的症结所在，进一步阐释数学的实在本性以及认识主体与认识对象之间的因果限制要求，为数学真理困境找到可能、有效的出路。

---

① Benacerraf P. Mathematical truth. The Journal of Philosophy, 1973, 70 (19): 668.

一、数学实在的本质分析

数学的突出特点在于它所指称的是特殊对象，如数、点、函数和集合等。比如定理：对于任何自然数 n，存在一个素数 $m>n$，即不存在最大素数，因而存在无限多个素数。至少从表面上看，这是关于数的定理。问题是：我们能用数学语言的表面意义来推断数、点、函数和集合是否存在吗？如果是，那么其存在性是否独立于数学家、数学家的思想以及数学家的语言？

1. 数学对象的实在性

数学本体实在论（Realism in Ontology Concerning Mathematics）坚持数学对象是独立于人脑而存在的。其基本观点由于与传统柏拉图主义类似，因而有时也被称为"柏拉图主义"。但二者之间是有区别的。

在传统柏拉图主义者看来，数学实体是永恒的、不灭的，是不属于时空的。我们不会探讨关于数的位置或数在自然现象中的因果作用，也没有什么实验能够探测数的出现或决定其数学性质。布朗（J. Brown）这样评价柏拉图主义："数学对象和日常对象以及科学中特异的实体（中子）是一样的。它们不是被创造的，而是被发现的。"[①]传统柏拉图主义把数学知识看成是先验的，认为在人类与抽象的数学对象之间存在某种神秘的关联。有时这种能力被称为"数学直觉"。人们依据它可以获得关于基本数学命题的知识和数学公理。可能是由于人脑和数学对象的这种联系是独立于任何感知经验的，所以这种半神秘的策略使得数学知识成为一种最典型的先验知识。用这种观点说明数学真理的客观性和必然性显然是顺理成章的。表面看来，这种本体论和认识论的结合至少是没有矛盾的。然而，这种借助于某种神秘直觉的能力显然已经超出了人类作为在自然界中的某一物理有机体所能探讨的论题。本体实在论同柏拉图主义一样都坚持数学对象的实在性，但他们的认识论显然不同于传统的柏拉图主义。本体实在论者大多在认识论上坚持自然主义，即任何哲学家所宣称的认识论都必须服从一般的、

---

① Brown J R. Philosophy of Mathematics: An Introduction to the World of Proof and Pictures. London, New York: Routledge, 1999: 11.

科学的详细研究。这就是说，哲学家和科学家不能在人脑和数学对象之间建立联系，直到他们能够找到其科学依据。如果本体实在论者同时又是一个自然主义者，那他面临的挑战将是他必须揭示在物理世界的某种物理有机体何以能够认识关于抽象对象（如数、点和集合）的知识。

2. 数学形式体系的实在性

出于提供合理认识论的考虑，以克雷塞尔（G. Kreisel）为代表的一批实在论者把目光投向数学语言本身。将研究的重心从数学对象的实在性转向了数学语言即数学形式体系的实在性上。数学形式体系的实在性就表现为数学真理的客观存在性。比如，达米特就主张这种观点，他指出："关键不是数学对象的存在，而是数学真理。"[1]实在论是一个命题的真假判断，而不是实体，因为数学真理的客观性才是问题的关键所在。只承认数学陈述具有客观真值，但回避谈论数学对象存在性的实在论被称为真值实在论（*Realism in Truth-Value*）。这种实在论可被定义为，数学陈述具有客观的真值，它们是独立于思想、语言、约定和数学家等等。实在论者可以客观地判定一个陈述为真或为假，因为数学真理是客观存在的。普特南在其论文"什么是数学真理"（*What is Mathematical Truth*）中也表明了这种实在论立场，指出："传统的实在论包括两个断言：①给定理论的陈述为真或为假，是因为②某些东西是外在于人脑的。"[2]人们无须赞同抽象实体独立于人脑的存在性，也可以成为一名实在论者。与达米特相比，他更强调数学的客观性。在他看来，数学命题的真理是客观存在的，关于命题的真假值能够从数学形式体系本身中获得。"对象"不仅条件性地依赖于物质对象，在某种意义上，它们只是抽象的可能。研究数学对象的行为可以通过研究哪些结构是在抽象上可能的，哪些结构不是在抽象上可能的而得到更好的描述。在解释数学的语言时，可以直接把它看成是显然的。数字只是术语，是恰当的名称。语言学的函项只是表示对象的术语。因此，如果把语言看成是逐字逐句的，那么术语就表示某物，即数字表示数。如果语言中所包含的

---

① Dummett M. Truth and Other Enigmas. London: Duckworth, 1978: 228.
② Putnam H. What is mathematical truth. Historia Mathematica, 1975 (2): 529-530.

数字是真的，那么数就是存在的。表面上，这种对数学对象存在性的否定，可以为我们如何能够获得数学真理提供较为合理的说明。

3. 数学对象与形式体系的整体实在性

对数学实在性本质的理解从数学对象的实在性转化为数学形式体系的实在性，不会从根本上消解困绕数学实在论在认识论解释上的难题。真值实在论者由于主张数学形式体系的实在性以及数学真理的客观存在性，他们仍有必要回答：何为数学陈述的客观存在性？既然数学真理是客观存在的，那么人类如何依靠主观思想去认识这些独立于我们的真理？另一方面，对于那些认为陈述的真假取决于数学形式体系本身一致性的真值实在论者来说，只能在语义学解释上与坚持数字客观存在的本体实在论提供不同的标准。后者认为数学真理依赖于客观实体的存在，数学客体的客观存在性至少应该隐含于关于数学断言的客观真理中。如果把塔斯基的语义学理论作为标准的话，主张本体实在论者的语义学解释至少与一般科学语言的语义学解释相符合。如果我们把一般科学语言的语义学解释作为标准解释，那么真值实在论的语义解释显然是一种非标准的。其结果是，真值实在论者还需要说明被他们认定为真的数学陈述是否就是实际上的数学真理。从上面的分析可知，这两种对数学实在性的不同理解都必须面临不可回避的挑战和难题。因而，要理解数学的实在本质，不应只局限于关于数学对象的实在性，也不应停留在抛弃抽象数学对象的存在性上，转而支持一种单纯的形式体系的实在性。数学实在的本质应该在于数学对象与形式体系作为一个整体的实在性。也就是说，应该存在一种实在论立场，它不仅能够保证对数学对象做出本体承诺，而且能够阐释数学形式体系的实在性，更重要的是它能够澄清数学对象实在性与数学形式体系实在性的整体性。

二、因果限制要求的本质分析

贝纳塞拉夫对数学真理解释的根本要求是"在数学中必须有可能将 p 是真的与对 p 的信念之间联系起来"。[1]在他看来，应该用因果限制来联结

---

① Benacerraf P. Mathematical truth. The Journal of Philosophy, 1973, 70 (19): 667.

真理与信念，这是指称和知识所必需的。因为通往一种真理解释的必由之路正是要通过那些正在被定义真值的命题的题材。

贝纳塞拉夫之所以把因果限制的要求作为联结信念和真理的方式，是因为受到当时盛行的知识因果论的影响。在那一时期，人们普遍把知识因果论作为解释科学的最佳认识论理论。知识因果论的核心思想是：如果 X 要知道 p，必须满足的条件之一是 X 的信念和引起 X 相信这个信念为真的事实 p 之间应该有一种适当的因果关系，换句话讲，事实 p 是引起 X 相信 p 为真的原因。正如知识因果论的主要代表人物戈德曼（A. Goldman）所主张的，"对用一种因果链条联系 p 的信念和关于 p 的事实，引发心理状态 p，它可以包括感知、记忆、推理，或将这些方式结合起来"。[①]对因果限制的要求被广泛应用于语义学和认识论理论的研究领域中。这是因为，通过对因果限制的要求能够使名称与其载体建立关联，能使人们确信对某一术语给出了正确定义。相似地，因果限制的要求能够联结事件的状态与对其恰当建构起来的陈述，使得在此断言为真时人们能够知道它。在解释经验科学时，提出因果限制的要求似乎是合理的。比如，如果要求术语"金子"的意义与金子之间具有因果上的关联，那么关于其断言的某些知识也要求与金子之间具有因果上的相互作用。然而，当把这种要求施加于数学知识和数学真理的解释上时，问题就出现了。数学对象所具有的显然的抽象性表明它远离于人们的经验范围，这正是导致真理困境出现的主要原因。要进一步澄清这一点，就必须查明人们如何理解因果限制的定义。那么，因果限制的定义是什么呢？斯坦纳（M. Steiner）详细讨论了这一问题，我们不妨通过他对因果限制的定义入手，考察数学实在论者对因果限制的不同理解。

1. 因果限制的定义

斯坦纳详细讨论了关于因果限制的五种定义：

（1）人们不可能知道 p，除非事实 p 引起关于 p 的知识（或信念）。

（2）人们不可能知道 p，除非事实 p 引起了某人关于 p 的知识。

① Goldman A I. A causal theory of knowing. The Journal of Philosophy, 1967, 64 (12): 358-370.

（3）人们不可能知道语句 S 是真的，除非在对某人知道 S 是真的的因果说明中必须使用 S。

（4）人们不可能知道关于 F 的任何事，除非这个知识是由 F 的全体或某些 F 的集合引起的。

（5）人们不可能知道关于 F 的任何事，除非这一知识（信念）是由至少一个事件引起的，并且至少有一个 F（或 F 的一个关联）参与其中。[1]

他指出，在第（1）种定义下，语句"雪是白的"不是事实"雪是白的"的原因。因为使用一个词与指称它不同。比如小狗可以是友好和毛茸茸的（使用词"小狗"），但"小狗"既不是友好的，也不是毛茸茸的（提及这个词）。斯坦纳指出" p "的第二次出现混淆了对使用-指称的区别。于是，他给出了定义（2）。然而，在定义（2）下，指称事实会引起关于其存在性的问题。如果事实存在，它们就和抽象对象一样不具有因果上的效力。比如沸腾的水可能会烫伤某人的手，但"水开了"这一事实则不会带来这种后果。这就是说，事实内在于因果之中。为了避免了对事实的指称，斯坦纳提出了定义（3）。斯坦纳赞同第三种定义，指出："现在达成的共识是：为了提供一种说明，一个语句至少必须是真的。关于数学命题的塔斯基式柏拉图主义者的解释就是这种，以此保证公理和定理的真理性。"[2]即因为 p ，所以关于" p "的陈述是真的。这与数学柏拉图主义的立场一致。斯坦纳认为定义（4）会引起很多问题，这是因为：其一，语句"不存在 F 的集合"是否是关于 F 的集合的，这个问题会导致悖论的产生。即某人不可能知道不存在 F ，除非存在某些 F 的集合；其二，因果效力被转嫁给 F 的全体，即转嫁给所有的抽象对象；其三， F 的集合被看成是施动者，似乎它们会引起特定的结果。于是，斯坦纳给出了因果限制的定义（5）。但他同样否认定义（5）是最合理的定义。在他看来，这种定义不能用来说明关于数和函数

---

① Steiner M. Platonism and the causal theory of knowledge. The Journal of Philosophy, 1973, 70 (3): 59-62.
② Steiner M. Platonism and the causal theory of knowledge. The Journal of Philosophy, 1973, 70 (3): 61.

的知识，因为它们不可能参与到任何具体事件当中。此外，定义（5）也不能用于说明关于带有脚印的化石知识，因为"没有动物参与到引发其产生的事件之中。导致一个事件发生的不是另一个事件，而是一个条件，且这个条件对另一个事件负有一部分'责任'，那个事件继而会引起动物学家头脑中的特定信念"。①斯坦纳认为将因果限制局限于某种特定类型的知识是不可取的，因为它不能用于说明关于抽象对象的知识的因果限制。

2. 承认对数学认识的因果限制要求

定义（3）符合数学柏拉图主义的基本立场。然而，选择这种定义并不能使柏拉图主义者回避关于抽象对象的可认知性的问题。柏拉图主义必须回答人们如何能够获得关于数学对象的知识。如果采纳经验主义的标准，那就是要求人们对数学对象具有因果上的接触，即通过感知得到关于数学对象的知识。

经验主义者承认对数学认识的因果限制，但他们反对定义（3），而选择定义（5）。在他们看来，如果抽象对象具有物理上的例示，人们就能够在不采纳柏拉图主义的情况下，拥有一种适用于抽象对象的因果限制要求。对于经验主义者来说，关于数的知识是从物理对象的属性参与的事件中得到的。原则上讲，人们关于数的知识是受因果限制的。布朗对经验主义的认识论做出了这样的评价："密尔认为数是对象具有的一种特定的一般属性。一个四条腿的、蓝色的木制椅子具有属性 4，这就像它具有属性蓝色和木制的一样。"②这种观点是将一个数字的属性与一个物理对象的属性联系起来。因此，经验主义者选择定义（5），即抽象对象的知识不要求与它们自身，但要求与它们的例示有因果接触。在他们看来定义（5）可以通过区分条件与事件来说明关于化石的例子，即化石提供了关于史前生命的知识，因为它们是由生命存在这一事件引起的。数与数的例示之间的关系就像史前生命与化石的关系一样。在经验主义者看来，定义（5）能更详细地说明对象的作用，因此他们强调在讨论因果限制的要求时，把它作为最好的定义。

3. 放弃对数学认识的因果限制要求

皮亚诺公理是否像上述定义那样在因果上受限制呢？新弗雷格主义的回答是否定的。比如，赖特认为，"因果限制的要求不可能保证某人始终都能对关于 p 的信念和关于 p 的事实进行区分"。[①]对此，他提出了两个反例。假定某人在看一个体育赛事的电视广播，其中评论员宣布博格弄坏了他的网球拍。但该比赛节目是转播的，这个人正在观看的是去年的比赛。那么他的知识"博格弄坏了他的网球拍"与事件"某人没有看到博格在室内练习"之间没有因果关联。因此，p 的真不是从事件 p 的真实状态得到的。赖特的反例同样质疑了关于自然的未来和规律的断言，因为人们现在不会与未来事件具有因果上的接触。对于赖特来说，因果限制的要求不能联结数学知识与其信念之间的鸿沟。此外，对抽象对象的因果接触如何导致知识的产生仍未得到合理说明。通过考察上述五种关于抽象限制的定义，他认为最合理的定义应该是："没有信念能构成 F 的集合的知识，除非这些信念的任意完整的因果说明必须至少涉及一个 F 参与的事件。"[②]因此，应该把关于抽象对象的知识排除在因果限制的要求之外。而由于抽象对象显然外在于时空，这就会产生关于人们如何能够与这些抽象对象具有因果关联的疑问。于是就会出现类似于贝纳塞拉夫困境的问题，即要么抽象对象不存在，要么它们不可知。两种情况我们都不愿接受。

因而，要为数学提供合理的语义学和认识论说明，我们不必拘泥于对因果限制的要求。从本质上讲，质询一个抽象对象在哪里，它何时形成或者它会持续多久等一系列问题都是无意义的。新弗雷格主义实在论的选择是，从相反的路径澄清数学的本质，主张"我们应关注的是对这一特性描述的反面，即如果只注意抽象对象不是什么，而不关心这些抽象对象是什

---

① Wight C. Frege's Conception of Numbers as Objects. Aberdeen: Aberdeen University Press, 1983: 85.
② Wight C. Frege's Conception of Numbers as Objects. Aberdeen: Aberdeen University Press, 1983: 92.

么或应该是什么，将不能真正说明我们如何能够认识这些抽象对象。"①此外，贝纳塞拉夫主张关于所有对象的真理解释都必须包括与该对象具有预先接触，并要求认识主体与认识对象之间具有某种物理上的关联。但这种观点并不适用于说明抽象对象，人们大可不必接受它。当然，如果"预先"是在一个十分宽泛的意义上给定的，那么具有任何确定对象的知识对于"接触"来说都将是满足的。这几乎是自明的真理，即除非人们知道谈论的是哪些对象，否则就不可能获得关于那些对象的真理性知识。然而，这种观点的问题在于，在得到关于对象的任何真理性知识之前已经预设了"接触"的存在。从这个意义上讲，知识因果论对数学知识的因果限制要求并不能成为柏拉图主义的真正障碍。因为如果束缚在经验主义的这种框架内，就不仅是我们如何能够知道关于抽象对象的知识问题，它甚至还包括我们如何能够思考关于那些抽象对象的问题。

如果放弃把这种因果限制的要求应用于对数学的解释，将导致柏拉图主义面临更大的挑战：既不能提供令人满意的认识论说明，也不能提供一种可操作的指称理论。即使有人能够为数学陈述的真值条件提供实在说明，但柏拉图主义者似乎没有能力说明我们如何能够认识或合理地相信这些陈述。尽管如此，反柏拉图主义者必须承认他们自身甚至不能提供一种语义说明，因为他们不可能提供像柏拉图主义的真值条件一样可理解的说明。对于给定的关于抽象对象的数学陈述，根本问题不是我们如何能够知道它们是真的，而是它们如何能成为可理解的。因此，亟须找到一种新的方式，它能为数学提供合理的认识论和语义学理论。

综上所述，贝纳塞拉夫数学真理困境之所以出现，究其根源在于柏拉图主义本体论与经验主义认识论的联姻。柏拉图主义本体论主张数学对象是一种先天的存在，数外在于时空且独立于人脑而存在。而经验主义认识论坚持在认识主体与认识对象之间必须存在因果限制。这种结合本身已经预设了矛盾的存在，因而数学真理困境的根本原因在于贝纳塞拉夫把因果

① Wright C, Hale B. Benacerraf's dilemma revisited. European Journal of Philosophy, 2002, 10 (1): 114.

认识论和塔斯基语义真理论当成数学与科学的一致真理解释的标准。

但这并不是否认贝纳塞拉夫为合理的真理解释所开设的两个条件，即坚持应该为所有科学语言（包括自然科学和数学）提供齐一的认识论和语义学解释。这是因为，数学陈述应该像一般陈述那样被理解，或者至少应该被敬为是科学的陈述。也就是说，我们应该找到一种统一的语义学既包含一般科学的语言又同时包含数学语言。我们应该以理解科学断言的相同方式去理解数学断言，因为数学语言与科学语言本身就是相互渗透的，为数学和科学的语言提供不同的语义解释，无法解释二者之间的紧密联系。现代物理学的研究领域已深入宇观、微观尺度，超出了人类直接的感知范围，且理论体系越来越形式化、抽象化。比如在量子力学中，用来描述对象的理论实体——抽象的波函数在经验上没有与之对应可感知的物质实体。这就是说，因果认识论对自然科学的解释优位已经逐步丧失，将这种因果限制的标准强加于对数学的认识论说明显然也是不合理的。以这种因果认识论为基础的经验主义真理理论无论对自然科学、还是对数学来说都是不恰当的，把它作为齐一的真理解释标准显然有失公允。基于此原因，要想突破困境，我们应该有另外的选择，即在一个统一的基底上，为数学以及一般科学语言提供合理的、一致的认识论和语义学说明。

第四节　数学真理困境的求解诉求

迄今，贝纳塞拉夫关于知识因果理论和塔斯基语义真理论标准均遭到了质疑。甚至连贝纳塞拉夫本人在其后的思想中也表明知识因果论不再对数学柏拉图主义构成真正的威胁。然而，贝纳塞拉夫困境的提出本身蕴含深意。虽然贝纳塞拉夫对知识因果论的诉求仍值得商榷，但这仅是其真理困境的表面特征，真正重要的是他所提出的哲学困境本身以及对数学真理本性的探讨。虽然有人指出贝纳塞拉夫的最初目的是为了反对柏拉图主义而对其提出了严重的甚至是致命的诘难。但在更深层的意义上，一方面，贝纳塞拉夫的论证的确对柏拉图主义提出了问题，实在论者的根本目标是要说明如何找到一种可以回避这一特定的实在论；另一方面，调和数学的语义学和认识论的普遍观点显然不只是对实在论者提出的，它是所有承认数学是人类知识坚实组成部分的哲学立场都必须要面临的。在这一意义上，实在论与反实在论之争的焦点始终会围绕求解这一困境展开。对这一困境的思考反过来又构成实在论和反实在论不断完善与修正的核心动力，它不仅为"数学真理"这一传统问题的研究注入新的活力，更成为促进数学哲学与科学哲学相互交叉、融合，开拓新视域、探索新理论的重要动机。

　　贝纳塞拉夫的数学真理困境的提出，从本质上反映了数学哲学与科学哲学之间的能动关系和内在发展的一致性。正如贝纳塞拉夫所说："虽然利用数学真理理论提出我的讨论往往是方便的，但我们要常常牢记在心，真正需要讨论清楚的是我们的全面的哲学观点。"①贝纳塞拉夫数学真理困境的提出，是科学哲学中实在论与反实在论之争在数学哲学上的集中体现。它不只是数学哲学中的基本问题，更深层面上讲，它反映了科学哲学对科学本身的解读，反映了整个哲学对世界本质的思考。我们知道，当代科学哲学家从本体论、认识论、方法论转而在语言层面对科学提出了实在论和反实在论的解释，深刻地影响着数学哲学的发展方向。某种意义上，甚至可以说主要就是"科学哲学的影响才导致了数学哲学在现代的革命性的变化"②。可以说，贝纳塞拉夫数学真理困境的提出是实在论与反实在论之争的必然产物，这与以围绕实在论与反实在论的论争为主要特征的科学哲学的研究是相一致的。贝纳塞拉夫关于数学真理问题的思考无疑反映了数学哲学与科学哲学的这种能动关系，凸现出数学哲学与科学哲学发展的一体性。

　　因此，数学真理困境的求解诉求体现为解读数学、科学以及二者的区别与内在本质关联的不同方式上。数学实在论作为探讨数学本质的特定视

---

① Benacerraf P. Mathematical truth. The Journal of Philosophy, 1973, 70 (19): 663.
② 吉利斯，郑毓信. 数学哲学与科学哲学和计算机科学的能动作用. 自然辩证法研究, 1998, 14(9): 7-11.

界，其理论的完善与构建正是基于上述不同求解诉求得以展开的。当然在不同诉求下发展出的数学实在论进路，离不开与反实在论的论争与交锋。对数学实在论不同进路考察，始终会伴随来自反实在论的批判与挑战。根据对数学本质与科学本质的不同定位，数学真理困境的求解诉求表现为数学提供基于"科学"、基于"自然"、基于"语言"、基于"语境"与基于"数学"的不同进路。

第二章
基于『科学』的数学实在论

在传统经验主义科学实在论的影响下，因对数学对象特定抽象性的不同解读，出现了对数学本体实在论与反实在论两种截然相反的立场。蒯因和普特南等坚持数学的实在性，把对数学真理困境的诉求理解为以"科学"为标准作为提供数学真理的依据，成为基于"科学"的数学实在论代表。在同一科学实在论背景下，新近出现的虚构主义反数学实在论则因数学抽象性选择否认数学的实在性，进而否定数学的客观真理性。

面对数学真理困境，数学实在论需要说明，如果坚持数学实体独立于人脑而存在，如何能够获得关于这些实体的知识。基础主义的做法是将数学化归为某个基础，通过人们对数学基础的认识来说明如何获得数学知识。然而哥德尔不完全性定理的提出，导致基础主义遭受重创，数学实在论者必须另辟蹊径给出合理的数学认识论解释。蒯因立足于整体论，提出把数学哲学放在科学哲学的背景中探讨，为数学实在论提出了著名的"不可或缺性论证"（The Indispensability Argument）。这一论证后来在普特南那里得到进一步发展，成为求解数学真理困境的巧妙方案。但不可或缺性论证的自然主义、整体论经验确证、数学的不可或缺性以及最佳科学理论的说明遭到了不同程度的质疑。尤其是，数学不可或缺性与整体论的基本前提受到虚构主义数学反实在论的激烈批判。本章首先讨论了蒯因-普特南不可或缺性论证基于"科学"的理论动机、基本形式及其对数学真理困境的求解；其次分析该论证存在的主要问题；考察基于"科学"的虚构主义反实在论及其困境，最后通过当前数学与科学领域的纵深发展，阐明在数学实在论的构建中"科学"理论优位的丧失。

第一节　基于"科学"之不可或缺性论证

不可或缺性论证在强调数学与科学之整体性的基础上，试图借助数学在科学中的不可或缺性证实数学实体的存在性，成为求解数学真理困境的有效策略。但不可或缺性不能等同于经验确证，数学实在与否并不在于数学在科学中是否或缺，二者分属于不同的问题领域。尽管如此，洞察数学与科学之间的关联性，揭示二者一致的实在本性，使数学能真正地具有与科学同等的本体论和认识论地位，这是基于"科学"实在论进路求解数学真理困境为我们带来的有益启示。

一、基于"科学"的理论动机

从实用主义的角度看，真理是整个科学事业共同作用的结果。由于数学是科学事业的一部分，它也具有内在的真理性。因此，我们不仅可以为数学提供一种与其他科学统一的真理解释，而且能够阐明如何以认识科学知识的方式来获得关于数学的知识。为了进一步阐明不可或缺性策略求解困境的基本思想，首先考察这种策略的理论基础。

赖兴巴赫（H. Reichenbach）提出了认识论解释的两个任务，一是描述知识如何被获得；二是说明知识应该如何被证实。这与弗雷格对发现的语境与证实的语境进行区分的观点相类似。在弗雷格看来，必须对"如何发现 X"（描述性的任务）和"如何证实 X"（鉴定性的任务）加以区分，对知识的证实级别也应该加以区分。证实的第一级别是，认识论的观点必须符合科学实践；证实的第二级别则关注科学实践所必需的方法论或第一原则。在证实的第二级别中，关于数学的存在可能有不同类型的标准，如柏拉图主义的或者形式主义的。这些差别对关于证实的第一级别的认识论说明（即数学家的实践）来说不会造成任何影响。以皮亚诺公理为例，不管人们把它看成是描述了独立于人脑的数的本质，还是把它作为约定的结果，都不会影响人们承认它这一事实。也就是说，关于证实的第一级别的认识论说明无须对知识如何获得的问题进行解答。基础主义者则认为，仍有必要为证实的第二级别做出合理说明，因为人们不能通过对皮亚诺公理的应用来证实皮亚诺公理本身，也就是说，不能用方法 P 去证实 P。

以蒯因和普特南为代表的实用主义者拒绝将发现的语境与证实的语境加以区分。在他们看来，对发现的语境和证实的语境进行区分会导致：如果认为数学知识依赖于感知数据，却不可能知道是什么原因促使它们指称一个外在的世界，那么我们将无法为发现提供证实。因此，我们只需说明人们如何获得知识所使用的方法就足够了，除此之外没有深入探讨的必要。他们强调实践的重要性，渴求逃离基础主义认识论的束缚。因此，不可或缺性论证的理论基础就建立在对数学基础主义基本立场的批判之上，否弃基础主义的认识论，取而代之以自然主义的认识论，并从实用主义出发，对数学本体做出整体论的承诺。

普特南作为实用主义的代表人物之一，明确驳斥了基础主义的基本立场，坚持数学没有基础。自毕达哥拉斯提出数是世界的本原以来，数学哲学家们就试图诠释数学实体和数学对象的性质。而要澄清这些性质，首要问题就是"数学的基础问题"。因此，哲学家和逻辑学家们一直试图给数学提供"基础"。似乎只有为数学提供一个可靠的基础，才能使数学知识成为确定、明晰和毫无疑问的。随着无理数的发现、近代分析基础中无穷小的争论及康托尔集合论中悖论的相继产生，数学基础研究中出现了三次危机。学界围绕数学基础出现的第三次危机展开了激烈的争论，从而形成了逻辑主义、直觉主义和形式主义三大基础主义研究学派。而哥德尔不完全性定理的提出，使得它们都各自遇到了无法克服的新问题。半个多世纪以来，关于数学基础的研究几乎处于一种停滞不前的状态。

从实用主义出发，普特南一开始就坚决反对把数学化归为任何基础，指出"我不认为数学是不清楚的；我不认为数学出现了基础危机；的确，我根本不相信数学具有或者需要'基础'"[1]。在他看来，哲学自以为已经发现的不仅仅是一场危机，而且是一个根本性的错误；不是某一具体科学中本身的错误，而是人们关于物质对象的最常识性信念中的错误。哲学对经典数学发现的困难不是真正的困难，那仅仅是因为我们在每一方面被提供的对数学的哲学解释都是错误的，而这种"哲学解释"是数学所不需要的。事实上，数学像其他的自然科学一样具有许多等价描述，各个等价描述之间并不存在哪个更优越、哪个更基本的问题。数学哲学家进行研究的

---

① Putnam H. Mathematics, Matter and Method. Cambridge: Cambridge University Press. 1985: 43.

途径往往取决于他头脑中出现的是这些图像中的哪一种，而这又往往取决于哪一种表述作为所讨论的数学命题的基本表述。因此，我们无须再去为数学提供什么基础，因为数学事实王国中的各个理论是相互等价的。

普特南认为，经验科学的突出特点在于描述同一事实的各理论之间的相容性。只要知道我们现在是如何理解每一种理论的，就不难发现这些理论不仅相容，而且是等价的：每一种理论的原始术语都容许用另一种理论的原始术语来定义，因而每一种理论是另一种理论的演绎推论。而且，无论采用两种理论中的哪一种作为基本理论，而把另一种理论视为导出理论，都没有特殊的优越性。以量子力学中的波粒二象性为例，虽然把世界按特定的量子力学意义而不是经典意义描述为一个粒子系统，与在同样意义上把世界描述为一个波系统，可能使人联想起不同的图像。但是这两种理论是完全可以互换的，而且应视为具有相同的物理内容。称电子是具有一定波长 λ 的波，与称电子具有确定动量 p 和不确定位置的粒子这两种说法表达的是同一事实。这里的"同一事实"不是指语句的同义性，而是指两种理论的相容性。可以说这两种理论处于同一解释层次。任何可以用其中一种理论解释的事实都同样能用另一种理论解释。由于一种理论陈述系统地等价于另一种理论陈述，因此没有任何理由认为，用一种理论的概念对某一给定事实的表述要比用另一种理论的概念对同一事实的表述更为基本。

数学命题的主要特征是它们具有繁多的等价表述。普特南指出，数学同经验科学一样，在某种意义上相同的事实可以有截然不同的对象表达，而且其表达方式多得惊人。在数学中的诸多"等价描述"中，"作为集合论的数学"和"作为模态逻辑的数学"具有特殊的重要地位。"作为集合论的数学"是指数学是对"数学对象""全域"以及集合间关系的描述，它与"集合论基础主义"具有本质的不同，前者强调数学是描述"对象"的，而非对象本身。"作为模态逻辑的数学"则以模型为基础。普特南认为可以把数学命题当作包含模态而不包含具体对象的陈述来处理。通过反复使用模态概念，便能分析集合论标准模型的概念，从而提出将对象模态二象性推广到整个经典数学中去。比如考虑命题：费马最后定理，即对一切正整数 x，y，z 和 n，若 n 大于 2，则 $x^n+y^n\neq z^n$。其一阶算术表达式可简写为～费马。如果～费马可证，则～费马实际上通过一阶算术定理的有限子集也可证。令 AX 为一阶算术的有限可公理化理论中公理的合取。于是当

$$\square\,(\text{AX}\supset\text{～费马}) \qquad\qquad (1)$$

为真时，费马最后定理为假。因为当（1）为真时，（1）的真值与算术本原的意义无关，所以我们可以假定算术本身被谓词字母替换。假定 AX 和～费马所据以写出的算术是两个三元关系："x 是 y 与 z 的和"及"x 是 y 与 z 的积"（由此可知取幂是一阶可定义的，零和后继当然也是如此）。令 AX (S, T) 和～费马 (S, T) 除了包含两项谓词字母 S，T 外，与 AX 和～费马相同，这里 AX 和～费马包含不变谓词"x 是 y 与 z 的和"及"x 是 y 与 z 的积"。于是（1）本质上是一条纯模态逻辑真理（只要它为真），因为常量谓词的出现是"非本质"的；这可以通过用下面的抽象模式替换（1）表示：

$$\square\,[\text{AX}\,(S, T)\supset\text{～费马}\,(S, T)] \qquad\qquad (2)$$

这是纯一阶模态逻辑的模式。

于是，命题（2）的数学内容必定与命题"存在正整数 x，y，z，n（$n>2$，x，y，$z\neq 0$）使得 $x^n+y^n=z^n$"的数学内容相同。即使所含表达式并非同义，但它们在数学上显然是等价的。因此，在数学家们看来，它们也可以是同义的。虽然这两种表述方式可被看作表示了同一个数学断言的内容，但它们在人们头脑中产生的图像可能是截然不同的。当人们谈到"数的存在"时，人们得到的是描述永恒对象的数学图像；而（2）只是指出 AX (S, T) 要求～费马 (S, T)，无论谓词字母"S"和"T"可能作何解释，这似乎根本没有涉及"对象"。当然，如果有必要的话，可以把谓词字母"S"和"T"解释为"所有性质的总体"上的量词。但这没有必要，因为可以找到（2）的一个特殊的代换例子，即使用唯名论语言表示（除去 $\square$），它也与（2）等价（只需选取谓词 S^* 和 T^* 代换 S 和 T，使得其域中的对象构成一个 ω 序列，并且如果其域中的对象构成一个 ω 序列，便使 S^* 显然能与整数加法同

构，T^*显然能与整数乘法同构）。或者人们可以把"□"解释为陈述的谓词，而不是解释为陈述联结词，这时（2）所断言的是某一对象即陈述"AX（S，T）⊃～费马（S，T）"具有某一性质（"是必然的"）。这样一来，我们得到的唯一"对象"就是陈述"AX（S，T）⊃～费马（S，T）"。如果坚持前一种图像（"对象"图像），则数学是完全外延的，但要预设存在一个巨大的永恒对象全体，告诉我们从什么得出什么。

在普特南看来，正是由于考察数学的方式可以用来相互阐明，当人们为模态所困惑时，可以借助模型的集合论概念来思考；另一方面，如果人们对"对象"本身的存在性感到迷茫时，可以通过模态逻辑中的可能性预设对象存在来确认什么是"对象"。因为对从事数学的人来说，断言存在与断言可能选取之间没有本质的区别。在这个意义上，可以完全抛弃对数学基础的化归，因而数学无须基础。

二、不可或缺性论证的基本形式

蒯因和普特南强调实践的重要性，渴求逃离基础主义认识论的束缚。如普特南指出，包括基础问题在内的许多数学哲学问题，都是体系缔造者们思想中的问题。哲学在经典数学中发现的困难不是真正的困难，而仅是关于数学的某种哲学解释中存在错误，那种"哲学解释"是数学所不需要的。[①]在他们看来，经验实践才是数学实在论的基础，科学在实践中所发挥的作用就是其真理的证据，数学知识是科学的深入拓展。人们承认经典命题的微积分或皮亚诺数学理论，不是因为与之相关的陈述"在原则上不可修改"，而是因为大量科学假设预设了这些陈述，而且在该科学领域中没有任何其他理论能够真正替代这些数学理论。根据这一观点，数学实体如集合、数、方程的指称在最佳科学理论中是不可或缺的。因而我们应承诺这些实体的存在性，数学实体与其他的科学理论实体具有同等的认识论地位。证实科学理论的证据能使科学理论作为一个整体得到确证，这些证据在证实了经验科学理论实体存在性的同时，也同样证实了数学实体的存在性。

---

① Putnam H. Mathematics, Matter and Method. Cambridge: Cambridge University Press, 1985: 43.

否则，我们将会在本体论上采取令人无法容忍的"双重标准"（Double Standard）①这种观点被学界称为"蒯因-普特南不可或缺性论证"（The Quine-Putnam Indispensability Argument）。

近年来，一些蒯因的追随者对蒯因-普特南的不可或缺性论证做了更准确、细致地表述。如柯利万（M. Colyvan）对不可或缺性论证的结论进行了总结，给出了其基本形式：

前提一　我们应该对那些在最佳科学理论中不可或缺的**所有**实体具有唯一的**本体论承诺**。

前提二　**数学实体**对于**最佳科学理论**是**不可或缺**的。

结论　我们应该对数学实体具有本体论的承诺。②

黑体标注的部分表明不可或缺性论证包含四个原则：①抽象数学对象的不可或缺性：用单称词项或变元指称抽象数学或用量词概括抽象数学对象的判断，在科学理论中是必不可少的；②确证的整体论：对科学理论的确证是整体性的，即一个科学理论在经验上的正确性，不仅确证了它关于物理对象的真理性，也确证了它关于抽象数学对象的真理性；③自然主义原则：本体论问题应交由科学做最后裁判；没有超出科学之外的断定为某物"真正存在"的"第一哲学"标准；④本体论承诺：一个科学理论所断定为真正存在的事物，就是它的用一阶表达的论断中的变元的值，或量词所概括的事物。以上述四个原则为基础，不可或缺性论证为求解数学真理困境提供了具体策略。

三、不可或缺性论证对数学真理困境的求解

依照不可或缺性论证，真理是整个科学事业共同作用的结果。由于数学是科学事业的一部分，它也具有内在的真理性。这就是说，我们可以为数学提供与自然科学一致的真理解释，即我们可以以认识科学知识的方式

---

① Quine W V. From A Logical Point of View. 2nd ed. Cambridge, MA: Harvard University Press, 1980: 45.

② Colyvan M. The Indispensability of Mathematics. Oxford: Oxford University Press, 2001: 11.

来获得关于数学的知识。由此，不可或缺性论证可以化解数学真理困境对传统柏拉图主义提出的认识论难题，成为突破该困境的巧妙方案。

1. 前提一的论证

在不可或缺性论者看来，自然主义的认识论可以说明前提一中的"**唯一**"，确证的整体论可以说明前提一中的"**所有**"。自然主义的认识论、确证的整体论与本体论承诺结合起来可以证实不可或缺性论证的前提一。

1）自然主义的认识论

不可或缺性论证提出的最初动因在于对基础主义认识论的批判，这也正是蒯因提出自然主义认识论的主要目标。基础主义者试图用类似于欧几里得公理系统的模型来证实知识，主张知识依赖于有限多的自明真理。然而，这种认识论解释无法说明那些自明真理的来源，即无法说明人类如何能获得那些自明真理。蒯因认为，从实用主义出发，认识论应该与实际的科学实践相符合。在他看来，科学（如经验心理学）能够说明人们如何获得基础概念以及这些概念何以成为知识的基础，从而提出了一种建立在科学基础上的自然主义认识论。诚然，应用科学去说明证据与知识之间的联系，这样会导致经验主义本身的可靠性受到质疑，从而陷入循环论证。但蒯因认为，自然主义的认识论并没有从一个超科学的视角去看待科学。正如他所言："一旦我们不再幻想从观察中推出科学，对这种循环论证的担忧就会消失。"①认识论是心理学的一部分，从而是关于自然的科学。可以说，蒯因的自然主义认识论起始于科学，他坚信科学是人类可获得的最佳理论。因为自然科学家们不会对内在于科学的可协商的不确定性产生任何疑虑。对于形而上学来说，这意味着由最佳科学理论决定什么是存在。更准确地说，最佳科学理论决定了我们应该相信的存在是什么。自然主义的认识论源自对科学方法论的高度尊崇，把科学方法论作为解答关于一切事物本质的基本问题的唯一方式，它来源于"不可重生的实在论和自然科学家的智

---

① Quine W V. Ontological Relativity and Other Essays. New York: Columbia University Press, 1969: 76.

力状态"①。自然主义否认以任何非科学的方式裁定实体的存在性。当然，要论证数学是科学的一部分，只坚持自然主义的认识论不足以说明这一点，还需要在认识论上坚持确证的整体论思想。

2）确证的整体论

关于抽象物的不可或缺性论证还依赖于认识论上的整体论。根据整体论思想，理论和证据在知识的证实中发挥着相同的作用，理论有助于接受和解释证据的决策，证据有助于理论的选择。在蒯因看来，对物理对象与抽象对象加以区别是一种"错觉"。人们用物理对象来简化经验定律，就像用无理数简化数学定律一样。经验科学是沟通人们从获得感知刺激到获得对对象认知的桥梁。无论是物理对象或是抽象对象，人们都必须在一种始于经验的概念性框架下才能获得对它们的认识。日常概念的产生是抽象概念的基础，科学建立在我们关于日常世界的知识基础之上。正如他所说，"自然主义哲学家在理论继承的世界中开始推理，并将之作为一种持续关注的事业。他暂时地相信其中所有的一切，但坚信某些未被辨识的部分是错的。他不断努力推进、澄清和理解其中的系统，他是诺亚方舟上忙碌的水手"②。所有知识构成了一个整体，关于抽象对象的知识只是科学知识的深入延伸。在认识论上，数学对象与物理对象具有相同地位，既不好也不坏，只是与我们依赖感知经验对其进行处理的程度有所不同。

事实上，蒯因表明了两种整体论观点：一种是确证的整体论；另一种是语义的整体论。后者认为意义的单位不是单个语句，而是语句的系统（在某些情况下被认为是语言的全体）。对于蒯因来说，语义的整体论和确证的整体论是紧密相关的，但是仍有必要对它们加以区分，他用语义整体论来支持不可或缺性论证，而大多数注释者则认为确证的整体论才是不可或缺性论证成功的关键。因此，严格地讲，现在谈到的不可或缺性论证不是蒯因的观点，而是蒯因主义者的观点。确证的整体论的基本观点是，理论被作为全体而得到确证或否证。如果一个理论在经验发现中得到确证，那么

---

① Quine W V. Theories and Things. Cambridge, MA: Harvard University Press, 1981: 72.
② 同①。

全体理论就得到了确证。特别是，数学在理论中的应用可以用来确证数学知识。我们证实关于理论中数学部分的信念与关于理论中的科学部分的信念所依赖的依据相同。

3）实用主义的本体论承诺

为了论证抽象对象的存在性，蒯因提出了一种实用主义的本体论承诺，即"一个理论只承诺那些被该理论中的约束变项有能力指称的实体，它们在理论中被确证为真"[①]。需要指出，蒯因并未因此走向语言学或方法论的唯心主义。在他看来，本体论的争论应该以语言学的争论而告终，但这并不必然得出"存在依赖于语词"，某个问题与语义术语间的可译性并不能表明该问题就是语言学上的。蒯因在关于量化的概念中给出了其本体约定的标准，即当某人的理论术语是对某些对象的量化，那么这些对象就必须存在。比如，称（$\exists x$）（x 是一个素数，$x>1\,000\,000$），就是指存在某个素数，它大于 $1\,000\,000$。因为存在并不依赖于某人所使用的语言，而是由于他所断言的存于事实上的确存在。数之所以能够具体化，是因为这些数对于数学理论必不可少，而数学理论对于人们已经承认为真的科学理论来说是不可或缺的。正是由于对数学对象的量化在科学实践中是不可或缺的，以此来证实数学对象的存在性。通过这种措施，蒯因把语言对象的存在性转回到实体的存在性上。

2. 前提二的论证

前提二的关键在于论证数学对于最佳科学理论的不可或缺性，因而对于不可或缺性论证的支持者来说，其首要任务就是澄清"**不可或缺性**"以及"**最佳理论**"的定义，然后阐明数学在科学中的不可或缺性。

1）"**不可或缺性**"和"**最佳理论**"

要阐明数学的不可或缺性，首先就要明确"**不可或缺性**"的真正含义。柯利万给出了关于"可缺"的定义：一个实体对于一个理论是可缺的，当存在一个对该理论的修正理论，这两个理论具有完全一样的观察结果，而

---

① Quine W V. From A Logical Point of View. Cambridge, MA: Harvard University Press, 1953: 13.

在修正理论中没有被提及或预设上述实体，修正理论必须与原理论相比更可取。①因为在其他所有条件都相同的情况下，前者比后者具有较少的本体约定。柯利万认为，做出本体约定越少，理论就越好。但根据这种定义，从克雷格定理（Craig Theorem）②就会得出所有理论实体都可缺的结论，因为我们可以清除对实体的所有指称，从而得到不对任何实体做出本体承诺的理论来。显然，要从众多理论中优选出一个理论本身就非常复杂，绝不仅仅是存在通过经验上的正确性和本体论约定的精简就可以做到。柯利万提出，要判定一个理论的不可或缺性，起决定性作用的是关于知识的确证理论，即确定何为"最佳理论"。

他为"**最佳理论**"列出了如下必备要素：①经验上的正确性：最佳理论首先必须在经验上是正确的，它必须满足所有（或至少绝大部分）观察；②一致性：它必须是一致的，即具有内在一致性，且与其他主要理论也具有一致性；③简洁性：对于在经验上具有相同正确性的两个理论，我们一般优先其陈述和本体约定较为简洁的理论；④科学说明的统一性：科学的说明必须具有统一性，即一个理论不仅能够预测特定现象，而且能够说明做出这种预测的原因（比如，牛顿力学的成功就在于它能够为普遍现象如潮汐、行星轨道和发射运动提供说明）；⑤大胆：最佳理论不仅能预测日常现象，而且能对推动深入研究的新实体和现象做出大胆预测（比如，关于广义相对性的引力波预测就是这种大胆预测的结果）；⑥形式优雅：最佳理论在某种意义上具有美学诉求（比如，对落体理论的特殊修正表明了形式

---

① Colyvan M. Confirmation theory and indispensability. Philosophical Studies, 1999, 96 (1): 4.
② 数理逻辑中的一个定理，由美国逻辑学家 W. 克雷格在一篇题为"论一个系统中的可公理化性"的论文中提出和证明。这个定理说，如果我们把一个形式系统的词汇区分为 T 术语和 O 术语，存在一个形式化系统 T′满足：①T′的公理仅包含观察术语；②T 和 T′蕴涵相同的观察句。这个定理表明，理论术语是原则上可从经验理论中删除的。因此，它是一种我们可用以构成所有可观察物间的关系，而无须运用理论术语的方法。要运用这种方法，人们需要首先把系统的基本表达式与其辅助性表达式区分开来，并使系统的内容等同于其基本表达式的类，然后构造一个新的公理化系统，它包含所有的基本表达式而没有辅助性表达式。这个系统与原初那个有相同的可观察结果。克雷格本人并不认为这种方法真正解决了分析理论术语的经验意义的问题，并认为这个方法只适用于已完备的演绎系统。但是，他的定理对于科学哲学中关于理论术语和观察术语之间关系的讨论，产生了很大影响。这一方法在精神上与"拉姆塞命题"的概念相近。

优雅的重要性）。①

对于柯利万等不可或缺性论证的支持者而言，任何否认数学实体存在性的观点都要付出高昂的代价，因为数学在应用它的科学理论中所发挥的作用，绝不仅仅只是一种工具。他们一致认为，数学对于最佳理论来说发挥的作用是不可或缺的。

2）数学的不可或缺性

为了进一步揭示数学的不可或缺性作用，柯利万以数学在物理学理论中的作用为例进行了具体说明。比如复数的引入不仅对于纯数学自身的发展具有重大的影响，而且在应用数学领域如物理学中的微分方程研究中也发挥着重要的统一性作用。尤其是复数在统一幂函数和三角函数时的作用以及它在流体力学、热传导、人口动力学等学科的多数分支中对二阶常微分方程的研究都具有直接影响。

例如，数 $i=\sqrt{-1}$，并定义一个复变量 $z=x+yi$，其中 x 和 y 是实数。把运算"+"、"·"和"="从实数自然地扩展到复数，我们就能够通过下述欧拉公式引入复幂数②：

$$e^{i\theta}=\cos\theta+i\sin\theta，\quad \theta\in\mathbb{R}.$$

从中可以定义对于复变量 z 的三角函数为

$$\sin z=\frac{e^{iz}-e^{-iz}}{2i}\quad 和 \quad \cos z=\frac{e^{iz}+e^{-iz}}{2i}.$$

特殊地，当 $z\in\mathbb{R}$ 时，上式依旧成立，实数值函数 $\sin z$ 和 $\cos z$ 被看作是上述一般定义的特例。复数是统一三角函数和幂函数的工具。下面具体来看，这种统一性如何被引入物理学中。

考虑具有常系数二阶线性齐次常微分方程：

$$y''+y'+y=0,\tag{1}$$

其中，y 是实数单变量 x 的一个实值函数。这类方程的解可以通过考察其特征方程，即一个二次方程式的根得到。由代数学基本定理知，二次方程

---

① Colyvan M. Confirmation theory and indispensability. Philosophical Studies, 1999, 96 (1): 6.
② Colyvan M. Confirmation theory and indispensability. Philosophical Studies, 1999, 96 (1): 9-10.

通常有两个（复数）根，故讨论（1）的特征方程

$$r^2 + r + 1 = 0,$$

它的复数根为 $r_{1,2} = -\frac{1}{2} \pm \frac{\sqrt{3}}{2}i$。对于其特征方程具有不相等根的方程来说，其一般解为

$$y = c_1 e^{r_1 x} + c_2 e^{r_2 x}, \qquad (2)$$

其中，c_1 和 c_2 是任意的实常数，r_1 和 r_2 是特征方程的两个根，且 $r_1 \neq r_2$。注意（2）与 r_1 和 r_2 是实数还是复数无关。因而，（1）的解为

$$y = c_1 e^{\left(-\frac{1}{2} + \frac{\sqrt{3}}{2}i\right)x} + c_2 e^{\left(-\frac{1}{2} - \frac{\sqrt{3}}{2}i\right)x}.$$

从中得到（1）的实数解为

$$y = e^{-\frac{x}{2}}\left(c_1 \cos\left(\frac{\sqrt{3}}{2}x\right) + c_2 \sin\left(\frac{\sqrt{3}}{2}x\right)\right).$$

如果没有使用复数，我们就只能处理方程 $y'' - y' = 0$，其特征方程具有实数根。但完全不同的是，方程 $y'' + y' = 0$ 的特征方程则具有复数根。前者的解为幂函数形式，后者的解为三角函数形式，二者之间的关系可以通过之前给出的复变量三角函数的定义而给出。这表明了一个数学理论不仅可以统一其他数学理论，而且还可以更普遍地统一科学理论。这种统一性不仅体现在算法上的统一，而且体现在上述方程解形式上的统一。可以说，这种统一性是得出上述方程解的唯一方法。如果两个不同的物理系统满足相同的微分方程，不管这些系统表面上有多大差异，二者在结构上显然存在着某种相似性，即由其相应的微分方程所揭示出的结构相似性。

数学对于理论的贡献不仅在于它能够发挥统一性的作用，还在于它的"勇敢"，即它在预测新现象时会发挥重要的作用。比如，在物理学中对反物质的发现就体现了数学的这种"勇敢"。在经典物理学中，人们在求解方程时偶尔会由于得到某些方程解是"非物理的"而舍弃它们，动力学系统的负能解就是一例。1928 年狄拉克（P. Dirac）在研究相对论量子力学方程（即狄拉克方程）解时就遇到了这种情况。该方程描述了电子和氢原子的运

动，但同时也发现该方程描述了具有负能的粒子。狄拉克并未把这些解作为"非物理"而舍掉，一是因为量子力学中常常出现奇怪的结论，而且人们关于何为"非物理"也没有很清晰的界定，更重要的原因在于狄拉克坚信数学的真理性。在这一信念的驱使下，他考察了负能解的可能性，并进一步说明了一个粒子为什么不能从正能态向一个负能态跃迁。狄拉克意识到泡利不相容原理（Pauli Exclusion Principle）会阻止电子返回到负能态，如果该负能态已经被负能电子所充满。此外，如果一个负能电子被提高到正能态，它将留下一个空的负能态。空的负能态将像一个具有正电的电子一样。可以说，正是狄拉克对相对论量子力学数学的信任，使得他不愿舍弃看似"非物理"的解，于是预测了正电子的存在。尽管狄拉克方程的解看起来是"非物理"的，某种程度上它建立在看似错误的假设基础之上，但狄拉克方程却在预测新实体时发挥了关键性的作用。

基于上述分析，柯利万认为，数学在科学中发挥着不可或缺的作用。在阐明数学的不可或缺性之后，不可或缺性论证的前提二就得到了满足。当前提一与前提二同时满足时，可得出数学实体存在这一结论。由于数学实体与经验实体具有相同的存在方式，因而对这些实体的认知方式都是自然的、遵循科学规律的。在这个意义上，不可或缺性论证可以为数学提供与科学语言一致的语义学解释和自然主义的认识论说明，以此破解贝纳塞拉夫的数学真理困境。

第二节 基于"科学"之不可或缺性论证的批判

不可或缺性论证间接证实数学实体存在性，使数学实在论者更加坚定了对数学实体存在的信念。但是，不可或缺性论证赖以成立的前提并不牢靠，其中存在许多争议。一旦其前提条件无法满足，该论证就会不攻自破。

一、经验确证不能作为整体论的确证标准

确证的整体论认为，科学理论的确证是整体性的，理论的确证或否证由所有理论的全体决定。这意味着，数学作为理论全体的一部分，也是由经验上的发现确证的。然而，这种观点遭到了以麦蒂为代表的自然主义者的质疑。麦蒂指出，确证的整体论与实际的科学实践相冲突。在实际的科学实践中，科学家对数学理论的态度不是信其为真，而只是接受或使用它们。科学理论在经验上的成功只能确证理论中关于可观察物的假设，而不确证其中关于抽象数学对象的假设。例如，在水波动的分析中常常应用关于水是无限深的假设；在流体动力学常常做出物质是连续的假设。这些例子表明科学家应用数学理论，不管它是什么，只要能满足工作的需要即可，与数学理论是否为真无关。事实上，确证的整体论与数学内部的科学实践也是矛盾的。比如，根据确证的整体论，要评判新的公理是否为真，应取决于它们是否与最佳理论保持一致。也就是说，集合论者应该依据物理学的最新发展来评判新的候选公理，即对标准数学实践进行修正。而实际情况是，数学家处理那些独立于标准集合论公理（ZFC 公理）的问题时，会提出新的候选公理作为 ZFC 的补充，并提出一些论点来支持这些候选公理，但这些论点与在物理科学中的应用无关，纯粹是数学内部的论证。

我们认为，数学是从前提中推演结论，在整个过程中不会产生任何新发现，数学的确证问题往往取决于其自身的逻辑自洽性。也就是说，要确证数学的可知性，其关键在于说明那些自明的公理以及推理过程中无可违抗的推理规则的本质属性，并说明人们如何能够获得关于它们的知识。事实上，依据经验确证，我们至多只能确证经验科学的假设，而不会确证或者否证那些对于所有被确证的假设具有普适性的东西，比如数学（所有科学理论都应用了一个数学核心）。由于数学理论没有竞争假设，因而数学理论并不能像其他的科学假设那样在经验科学中得到确证。正如索博（E. Sober）指出的那样，"不可或缺性不等同于经验确证，而是它的对立

面"。①因此，通过数学与科学之整体性，借助科学知识的经验确证来确证关于数学的认知，这种做法本身就是不妥当的。在这个意义上，数学实体在物理应用中的不可或缺性不是论证其存在的必要条件，不可或缺性论证的前提一不能成立。

二、自然主义认识论对科学的极端推崇

蒯因的自然主义声称本体论问题应由科学回答。这种观点遭到了反实在论者的质疑。如叶峰认为，科学家并不作本体论上的论断。时空是被存在物充满的，物理上的真空是本体论上的存在物，与形而上学上的虚无是不同的。当科学家们提出水是由原子组成时，他们不是在形而上学的虚空中设置一些实体，而只是在描述他们预设存在的宇宙的部分——水的微小部分不是由连续的物质构成的，而是由物理真空以及其中的微小粒子构成的。科学家们并不是在存在于形而上学的虚无之间作选择，而断言存在。相反，他们在从事科学研究之前就已经接受了一个本体论预设，即这个宇宙与它的部分存在，然后他们再描述预设为存在着的东西。将科学论断视为本体论论断，才使得蒯因将抽象实体与电子、原子等物理粒子相比拟，从而认为科学可以确证本体论论断，也可以确证抽象事物存在。②在这个层面上讲，蒯因自然主义不能为我们坚信最佳科学理论中的实体提供理由，其论证不仅不能证实数学实体的存在性，而且也同样不能证实科学的理论实体的存在性。因此，要想真正解决数学实在论所面临的认识论难题，我们应探寻一种新的认识论，那种认识论以平等的态度对待数学与科学，为数学与科学的认识提供一致的依据。只有那样，我们才能一方面坚定对数学实在的信念；另一方面在解释数学和科学知识的可知性时，说明我们究竟如何能够获得关于数学和科学的知识。

---

① Sober E. Mathematics and indispensability. The Philosophical Review, 1993, 102 (1): 44.
② 叶峰. "不可或缺性论证"与反实在论数学哲学. 哲学研究，2006（8）：79-80.

三、最佳科学理论定义自身的含糊性

迄今为止，对最佳科学理论的定义并未得到广泛认同，如麦蒂就指出，"科学家对最佳理论的态度是从信念到勉强接受，再到完全抛弃而变化的"①。科学家对于某些理论实体的使用仅仅是为了计算的方便，是出于对实用主义的考虑。科学家谈论绝对光滑平面、无限深的水、不能压缩的液体之类的东西，只是因为在理论中要用到，而并不认为这些理论实体是真的存在，不会对这些理论实体做出任何本体论承诺。只能说科学家"在原则上"相信这些理论实体的存在，因为科学家们即使在今天仍无法想象如何用量子力学预测未来发生的事情。事实上，到目前为止仍有科学家正在使用的理论是相互冲突的，如量子力学和广义相对论，二者在各自的应用领域中都发挥着极其精确的预测作用，然而它们关于宇宙本质的观点却截然不同。依据柯利万所给出的上述条件，最佳理论应该彼此一致，否则就说明这两个理论中有一个必然是错误的。然而，科学实践证明这两个理论在各自的应用领域都是成功的，我们无法确定哪一个是最佳理论。从这个意义上看，不论"最佳理论"指称什么，它都不会是科学家真正使用的理论，充其量它只是科学家对于最终科学理论的最佳猜测。只能说，我们在不断地获得或接近更为准确的理论，从而不会对任何实体做出本体论承诺。

四、数学不可或缺性的争议性

不可或缺性论证的前提二指出数学实体对于最佳科学理论是不可或缺的。针对这一论断，菲尔德认为可以发展出一种新的、不指称任何抽象数学对象的、唯名论语言来替代数学，这样数学在科学实践中就是可缺的，从而不可或缺性论证的前提二也不成立。

菲尔德认为数学对于科学不是不可或缺的。在他看来，数学理论在应用中不是必须为真，数学本身是可缺省的。数学之所以能被应用于科学，是由于数学使理论的计算和表征更加简单。然而，菲尔德把全部科学唯名

---

① Maddy P. Indispensability and practice. The Journal of Philosophy, 1992, 89 (6): 275.

化的任务不可能完成。菲尔德虽然通过提供牛顿引力理论的唯名论化版本，但即便在经典物理学中数学是可缺省的，将这一策略拓展到量子理论中仍是遥不可及的。事实上，量子力学的唯名论化是不可行的。量子力学中应用了大量抽象的理论实体，其中不仅包含实数，还包括希尔伯特空间和向量。在菲尔德的唯名论化理论中，不可能找到希尔伯特空间和向量的具体对应物。通常用希尔伯特空间和向量来表征量子命题和量子系统可能为真的状态，我们很难相信命题和可能性是具体的东西。此外，菲尔德的唯名论数学极为烦琐，而且只能涵盖极为有限的数学，不会也不可能得到科学家的认可。除非科学共同体承认这种唯名论的数学，并依照科学标准认定它是更好的理论，否则用这种策略就不能说明抽象对象在科学中是可缺的。

解释论者班固（S. I. Bangu）则认为，数学在科学说明中的不可或缺性作用可以揭示数学实体的不可或缺性。[①]这种观点是"最佳说明推理"（Inference to the Best Explanation，IBE）与不可或缺性论断相结合的结果。菲尔德认为实在论者试图通过强调解释物理现象时数学假设所具有不可或缺的作用来说明其存在性。因而，如果实在论者能够表明数学假设对于物理现象的解释是不可或缺的，那借助最佳解释的推论我们就应该相信它们的存在。其步骤如下：假定我们相信某种可观察物（即一种物理现象，称之为被说明项）的存在，并承认对这一现象的最佳说明，假定断言 S 是这种说明中的一部分，如果没有 S 就不可能存在任何说明能够揭示这一现象。如果 S 在说明这个现象时具有不可或缺的作用，那么我们就必然要相信它，不管 S 自身是否可观察，也不管与之相关的实体是否可观察。毫无疑问，这种观点可将我们关于可观察实体与不可观察实体的信念相等同。其结果是，如果通过制定一系列的假设能够很好地说明一种特定的物理现象，而且数学断言 S 在这种说明项中具有不可或缺的作用，那么根据最佳说明推理的原则，我们就必须相信数学陈述 S 是真的，且相信描述 S 的数学假设是存在的。IBE 的核心在于假定说明项和被说明项都是真陈述，一旦有人

① Bangu S I. Inference to the best explanation and mathematical realism. Synthese, 2008, 160 (1): 13-20.

怀疑说明项的真理性，那么就无法说明被说明项。

值得注意的是，解释论者在实行这一策略时有一个前提，即认为被说明项必须是一种外在于数学的现象。然而，尽管很难描述被说明项，我们仍必须找出一个非纯数学的被说明项，它包含某些数学假设或至少包含某些数学术语，否则就需要有进一步的理论来阐明数学的说明项如何能够在原则上与纯物理的、没有数学术语的说明项具有解释性的关联。但需要指出的是，承认对混合的被说明项的真理性将迫使我们同时假定混合物的数学部分也具有真理性，这无疑是一种循环论证。一方面，要么实在论者认为出现在被说明项中的数学假设是真的，这样无疑回避了唯名论者质疑的实质；另一方面，要么认为它们不是真的，把对它们的判断悬置起来，这会进一步反映在关于被说明项的真值的整体判断上，这样做将不能应用最佳说明推理的策略来进行解释。显然，IBE 与不可或缺性论证的联姻也终将以失败而告终。

第三节　基于"科学"之反实在论的提出与困境

在基于"科学"这一共同背景下，虚构主义反数学实在论则选择否认数学的实在性，认为数学的抽象性与物理世界的对象具有本质的不同。其在数学本体存在性的否定导向对数学真理客观性的质疑，因而对数学真理困境的求解诉求发生了转变，把论证焦点从数学知识能否被揭示以及这些知识能否得到确定转移到是否能够完全具有数学知识上。

一、基于"科学"之虚构主义动机

虚构主义的基本观点是：数学知识是一种人类虚构的产物。这种观点由菲尔德提出，认为数学对象就像小说中的人物一样，其存在是一种虚拟意义上的存在，而不是真实的存在。菲尔德之所以提出虚构主义的进路，主要有两个动机：其一，反对数学柏拉图主义的本体论；其二，反对希尔伯特形式主义的基础主义认识论。

1. 反对柏拉图主义的本体论

菲尔德提出虚构主义的基本动机就是反对数学实在论，主张一种数学唯名论的思想。蒯因曾经指出，"传统的唯名论者反对任何抽象实体的存在性，即使是在人脑所构造的实体意义上"[①]。这依然是 20 世纪唯名论者的基本信条。菲尔德也认同这种定义，在他看来，"唯名论是一种认为抽象实体不存在的学说……因此，为了维护唯名论，我否认数、函数、集合或任何类似实体的存在性"[②]。菲尔德所理解的实在论就是柏拉图式的，即认为共相或抽象实体独立于人脑而存在，人脑可以发现但不能创造这些实体。他进一步强调，数学实在论者必须承认独立于人脑的实体的存在性。比如，对于语句"存在比 17 大的素数"，只有当至少存在一个实体具有成为素数而且同时具有比 17 大的性质时，该语句才能为真。在他看来，任何把数学实体看成在某种程度上依赖于人脑或语言约定的实在论立场本身就是含糊不明的。事实上，他对数学实在论的批判正是建立在对数学柏拉图主义批判的基础上。

同形式主义一样，菲尔德虚构主义的目标就是要揭示数学并非是独立于人脑的抽象对象。依照形式主义的观点，数学就好比一个棋局，数学对象就是棋局中的棋子，数学规则就是棋局的任意规则。菲尔德认为只要采用这种观点就可以解决贝纳塞拉夫关于数字本质的难题。比如将自然数向集合论有不同的化归路径，对于自然数的序列：

$$0, 1, 2, 3, \cdots$$

可以化归为以下两种集合序列：

$$\varnothing, \{\varnothing\}, \{\{\varnothing\}\}, \{\{\{\varnothing\}\}\}, \cdots（策梅洛序数）$$

或

$$\varnothing, \{\varnothing\}, \{\varnothing, \{\varnothing\}\}, \{\varnothing, \{\varnothing\}, \{\varnothing, \{\varnothing\}\}\}, \cdots（冯·诺依曼序数）$$

① Quine W V. From A Logical Point of View. Cambridge, MA: Harvard University Press, 1953: 15.
② Field H. Science Without Numbers: A Defense of Nominalism. Princeton: Princeton University Press, 1980: 227.

在虚构主义者看来，我们没有任何先于自然数的概念能够回答 2 = {{∅}} 还是 2={∅，{∅}}。数学理论不是试图断言某些特定对象的真值，而是在语境中用它来定义高阶概念。比如，我们可以把皮亚诺算术公理看作是一个"自然数序列"概念的定义。由于策梅洛（E. Zermelo）序数和冯·诺依曼（J. Von Neumann）序数都满足皮亚诺公理，因此它们都是自然数序列的范例。对于自然数 2 = {{∅}} 还是 2={∅，{∅}} 之类问题的回答依赖于不同的公理系统，2 指涉及任何独一无二的对象的预设，本身是没有任何意义。"自然数 2"只是依赖于人们所使用的是哪一种皮亚诺公理的范例，不同的对象都可以扮演数字 2 的角色，因而数字 2 无须被特殊对待。

2. 反对希尔伯特的基础主义认识论

作为代数式主要进路之一，虚构主义主张数学理论是对一致公理的结论进行考察的结果。只要我们有理由相信一个公理系统是一致的，那么就无须考虑公理对其做出真值断言的任何对象是否存在。但需要指出的是，菲尔德反对希尔伯特的基础主义认识论。在他看来，基础主义认识论同样无法说明我们如何能获得作为数学基础的知识。因此，避免这种希尔伯特的基础主义认识论解释，是菲尔德提出虚构主义进路的另一主要动机。

按照希尔伯特的观点，我们可以根据公理化的方法表征数学知识的基础，数学知识可以从某个公理集或第一原则中推演出来。因为数学知识是由认识主体从公理集中依据推理规则得到的，认识主体对数学定理的真值做出断言，通过直接的证明程式认识主体与数学定理之间具有直接的接触。在公理的定义下，要知道"公理如何适用于对象系统"将不成问题。如果一个对象系统不能满足皮亚诺算术公理，那么它就不是一个自然数系统。在这个意义上，质询如何知道自然数满足公理没有任何意义。依据这种认识论解释，人们用来作为知识基础的方法不必通过它们的应用而得到证实，从而可以有效避免数学真理困境在认识论解释上的问题。

在菲尔德看来，希尔伯特的这种基础主义认识论同样面临着贝纳塞拉夫数学真理困境的质疑，因为它不能说明人们如何能够获得那些作为所有知识基础的公理集或第一原则。传统形式主义者主张某些算术命题是真的，当且仅当它们可以通过特定的推理规则从特定的公理中推演出来。但是，形式主义者并未澄清真理与证明之间的联系。正如贝纳塞拉夫指出的那样，"……我们对理论的掌握不能仅仅借助于它们的公理……掌握公理的东西仍是一个谜，但那不是新东西"①。形式主义者必须回答集合论的公理是否是抽象对象。如果是，那么人们如何获得它？如果推理规则在不同的语境中内嵌于某个系统的公理中，那么希尔伯特的基础主义必须对其结论（结论是"已经存在"的，只是等待被发现）做出某种柏拉图式的假设，这是他们从一开始就试图极力避免的。依赖于这种基础主义的认识论解释，人们可能永远不会知道是否获得了真正的数学知识，这直接关涉到知识的证实问题。在数学领域中，哥德尔论证了公理化方法具有特定的内在局限性，并提出了著名的不完全性定理。该定理表明，对于任何能够表征皮亚诺算术的系统，都能从中推演出一个不可判定的命题。因而，基础主义的这种认识论解释实质上是用方法 p 来证实 p。这与实在论者所面临的传统问题类似，即知识证实的无限回归问题。从这个意义上讲，基础主义的认识论解释会陷入一种循环论证。

为了回避柏拉图主义的本体论和基础主义的认识论，菲尔德虚构主义的具体策略从以下两方面展开：第一，数学知识应该具有内在的证实，而不应依赖关于独立于人脑的对象存在的假定。在他看来，之所以会出现关于人们如何获得数学知识的难题，不仅是因为我们不可能因果地获得那些被假定的实体，而且还因为我们不可能因果地确证关于实体存在的假定成立。我们与这些假定之间不具有任何物理上的关联，而事实上只有依赖于这种关联才有可能说明我们如何具有关于数学的可靠信息。因此，应放弃柏拉图主义，选择反柏拉图主义的立场。第二，竞争的哲学理论之间没有对错之分，它们是相互等价的。在这一点上，菲尔德赞同普特南对基础主义的批判，认为我们不应该因为认识论解释的推理问题而放弃像数学之类

---

① Benacerraf P. What mathematical truth could not be II // Cooper B, Truss J K. Sets and Proofs. London Mathematical Society Lecture Notes Series (258). Cambridge: Cambridge University Press. 1999: 45.

的可接受的知识。合理的认识论解释不应该引起我们在认识上的混乱，因为数学是清晰的，数学不具有也不需要基础。当哲学与科学相遇时，需要改变的不应是科学本身，而应是哲学对科学的解释。不同的数学哲学主张（柏拉图主义的或反柏拉图主义的）不会影响数学实践，因此抛弃柏拉图主义的本体论和基础主义的认识论不会导致我们在数学实践中丧失重要的知识。正是以此两点为基础，菲尔德提出了他对真理困境的虚构主义求解。

二、虚构主义对数学真理困境的瓦解

柏拉图主义认为数学语句指称和断言了抽象实体的存在性，这会导致在认识论解释上的困难，即究竟是什么机制能够确保具象的主体对抽象世界的表达是可靠的？菲尔德虚构主义的策略是，通过否认任何数学语句具有真值就可以规避这一质询。这就是说，如果我们认为任何指称和断言抽象实体存在性的语句都是假的，那么自然就无须承认这些抽象实体的存在性。菲尔德指出，数学对象是不存在的，数学命题都不具有真值。在他看来，因为自然数根本就不存在，所以我们可以认为数学语句"所有自然数都是素数"是"真"的，也可以认为数学语句"存在比 100 大的素数"是"假"的。这里所使用的"真"是纯粹去引号意义上的真，即如果数学家承认"p"那么 p。在他看来，数学陈述并不对应于数学定理，数学不会断言真也不会否认假。如果这种实体不存在，那么关于具体生物是否有能力获得这些实体的问题将不复存在。在虚构主义那里，数学实体只是在某些时候被误认为是实在的虚构物。人们现有的数学知识只不过是人脑构造的产物，它不指涉任何抽象的实在，因而关于数学的真理是不存在的。在这个意义上，贝纳塞拉夫数学真理困境会自动消失。

但仅通过否认任何数学语句是真的，并不能解决我们在理解数学时所遇到的困难。在建构各种科学假设的过程中，我们使用了大量数学词汇，而且在许多公认的科学演绎中都把数学作为前提条件。如果数学是假的，那么又如何能够相信这些演绎结论呢？如果像虚构主义所说的那样，数学何以在科学领域具有如此广泛和成功的应用呢？事实上，菲尔德虚构主义并不能真正回避数学真理困境中的语义学难题，他仍有必要说明：第一，数学在不为真的情况下如何能够应用于那些自身不包含指称数学对象的理论，即数学是一种唯名论的理论；第二，在最佳科学理论中可以摒弃对数学实体的指称，即科学理论能够被唯名论的术语所表达。

菲尔德的虚构主义对此的回应是：第一，数学在科学中是可缺的。他试图建构全新的没有任何数学符号的唯名论的科学语言，其中不指称数学实体。这种理论能够完全代替数学在经验科学中的作用和地位。第二，数学具有保守性。数学的保守性足以说明数学在科学中的成功应用，无须断言数学是真的。

1. 数学在科学中的可缺

为了表明数学在科学中是可缺的，菲尔德提出了将科学理论唯名论化的纲领。在他看来，"每一个外在解释中都隐含着一个内在解释"[①]。数学化的科学解释是外在的，在这些解释中应用了与待解释物不具有因果关联的实体。比如，在对加速度的数学化解释中应用了外在于时空的实数关系，这是一种外在解释。与之相比，唯名论化的解释则是内在的，在唯名论化的解释中只应用与待说明物具有因果关联的实体。比如，加速度的唯名论化的解释中只能应用时空中的具体实体。菲尔德认为，每一个外在解释都隐含着一个内在解释，内在解释比外在解释更令人满意。表面上看作出这种假设是合理的，但外在解释与内在解释之间的映射关系本身并不能说明隐含的唯名论化的解释一定会存在。数学对于科学显然具有的不可或缺性可以为我们提供充足的理由，反驳提出这种隐含的唯名论化理论的必要性。因此，菲尔德要想阐明数学对科学是可缺的，除了为所有科学理论都提供唯名论化的版本之外别无他选。

在菲尔德看来，可以把科学理论全部唯名论化，他为牛顿引力理论提供了具体的唯名论化版本。牛顿引力理论中包括实数、实数有序四元组，以及值域为实数的函数表达式，比如，x 的引力势。因而，该理论会预设

---

① Field H. Science Without Numbers: A Defense of Nominalism. Princeton: Princeton University Press, 1980: 435.

实数四元组、集合以及函数等抽象对象的存在。在为牛顿引力理论所提供的唯名论化版本中，菲尔德用时空点代替有序四元组（有序四元组的作用是描述与之对应的三维空间和一维时间），用时空点形成的区域代替有序四元组的集合，用关于时空点的比较谓词为真或为假来代替牛顿理论的函数表达，比如，引力势 x 和 y 之间的区别比引力势 z 和 w 之间的区别少。在菲尔德看来，关于时空点的比较断言是牛顿引力理论断言的具体对应物。

为了说明牛顿引力理论的可应用性，菲尔德引入桥梁定律来说明牛顿引力理论的抽象断言与其具体对应物之间的关联。这些定律是由表征定理提供的，它能够揭示数学化科学的抽象断言如何能够表征具体事实。为了阐明表征定理的运行机制，我们不妨以关于距离的数字断言和关于点的比较断言为例来具体说明：假定唯名论化的理论中包括比较谓词"x 介于 yz 之间"和"xy 全等于 zw"。前者表示 x 是直线段上的点，且它位于点 y 和点 z 之间；后者表示两端点分别为 x 和 y 的线段与两端点分别为 z 和 w 的线段全等。用数学可以证明，存在一个"距离"函数 d，它从时空点映射到非负实数。对于任意的 x, y, z, w，满足：

（1）xy 全等于 zw，当且仅当 $d(x, y) = d(z, w)$；

（2）y 介于 xz 之间，当且仅当 $d(x, y) + d(y, z) = d(x, z)$。

如果用 d 来表征距离，那么表征定理表明关于线段全等和中间点的断言与关于距离的断言是"等价的"。因此，证明函数 d 存在的定理允许从关于时空点的比较断言跃升到关于距离的抽象数字断言，并可以返回；允许从关于全等与中间点的断言转移到关于值为实数的距离的断言，然后再返回。依此类推，通过扩大表征定理的应用范围，并应用这一定理证明存在一个"时空坐标系"函数，该函数是时空点与实数四元组之间的一一映射。同样能证明"引力势"的函数是时空点到实数域的一一映射。这些函数的存在性能够保证关于引力势的抽象断言等价于关于时空点的比较断言。借助这一扩大的表征定理，可以从时空点的唯名论化理论上升到牛顿引力理论的数学化理论，应用其数学化理论进行推演得出数学化的结论，然后返回并得出唯名论化的结论。菲尔德认为，可以依照这种方法对全部物理学进行唯名论化。

2. 数学的保守性

为了说明数学在科学中的可应用性，菲尔德提出了数学的保守性概念。数学是保守的，是指它对从具体世界中推演出的唯名论结论所发挥的作用完全可以用其他东西替代，比如逻辑。菲尔德提出了保守性的确切定义："称一个数学理论 S 是保守的，如果对于任何纯粹的唯名论断言 A，这种断言的任意形式 N，只有当 A 是 N 的单独的逻辑推论的时候，A 才是 $N+S$ 的逻辑推论。"[①]保守性要求一个理论是保持真值的，他把保守性描述为"没有真理的必然真理"。[②]数学的可应用性依赖于保守性，而不是真理，用真理并不能推出保守性。对于菲尔德来说，数学与物理学等经验科学不同，物理理论不是保守的，甚至关于不可观察物的物理理论也不是保守的，因为它们产生关于可观察物的新结论。关于不可观察物的物理理论可以提供关于可观察物的物理理论，而数学理论则不具有这种功能。

为了进一步说明数学的保守性，菲尔德给出了保守性定理的证明。假定要确定唯名论陈述 A 是否是从唯名论的前提 N_1, N_2, $\cdots$, N_n 中推出，一种直接方式是在 N_1, N_2, $\cdots$, N_n 上应用逻辑，另一种间接方式是借助数学。要确定 A 是否是从唯名论的前提 N_1, N_2, $\cdots$, N_n 中推出，需要进行如下的步骤：第一，从 N_1, N_2, $\cdots$, N_n 中"上升"到它们的抽象对应物 N_1^*, N_2^*, $\cdots$, N_n^*（其中从具体到抽象的跃迁是由"桥梁定律"决定的）。第二，将包含数学的科学理论应用于 N_1^*, N_2^*, $\cdots$, N_n^*，可以从这些前提中推出的结论称之为 A^*。第三，从 A^*"回降"到它的具体对象物上（应用桥梁定律），如果 A 是 A^* 的具体对象物，那么 A 是 N_1, N_2, $\cdots$, N_n 的结论。[③]保守性定理能够确保从数学中推导出任何唯名论结论都可以直接从唯名论的前提中得

① Field H. Science Without Numbers: A Defense of Nominalism. Princeton: Princeton University Press, 1980: 16.

② Field H. Realism, Mathematics and Modality. Oxford: Blackwell, 1989: 241.

③ Field H. Science Without Numbers: A Defense of Nominalism. Princeton: Princeton University Press, 1980: 20-23.

出。当然，菲尔德承认在唯名论理论中的直接推演有时极其烦琐，相比之下，借助数学的间接的推演方式更加方便和简洁，也更易掌握。但他依然强调，数学理论在科学的唯名论推理中所发挥的作用可以被其他方式代替。之所以没有发现数学理论的可缺性，是因为数学具有保守性。这是因为，数学理论为推理提供了便利，才使得关于抽象数学实体的虚构物能够广泛地应用到科学之中。我们通常把唯名论的前提和数学理论结合起来推演唯名论的结论，而很少从唯名论前提中单独地推演结论。因此，在经验科学的确立过程中，数学具有一种榨汁机的功能：数学方法、逻辑理论以及它们内在的假设都不能产生事实信息的果汁。菲尔德认为，借助这种保守性原则，可以说明数学在经验科学中的成功应用。

　　菲尔德认为这种保守性与真理性为数学的可应用性提供了相对应的解释，如图 1 所示。

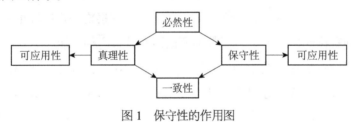

图 1　保守性的作用图

在这个意义上，虚构主义认为，我们可以放弃对数学真理的苛求，转而用数学的保守性同样可以说明我们所具有的数学知识何以能被应用于科学实践当中去。

三、虚构主义反实在论的困境

　　菲尔德虚构主义是基于"科学"之反实在论的大胆尝试，其对数学真理困境策略性瓦解不仅颠覆了人们对数学真理客观性的既有观念，更使数学本体的实在定位面临危机。但从虚构主义的基本论证来看，其祛数学之唯名论策略的可行性与完备性、数学知识保守性的说明以及基于"科学"的本体论立场都存在无法克服的逻辑矛盾和问题，这些构成了虚构主义反实在论的发展困境。

1. 唯名论化策略的不完备性

菲尔德的科学唯名论化纲领是不完备的。这里不完备性有两重含义，其一是指菲尔德唯名论化策略在逻辑上的不完备性；其二是指其策略在实现过程中的不完备性。针对其在逻辑上的不完备性，夏皮罗指出，菲尔德的物理理论只局限于点和区域。"唯名论的物理学是建立在二阶语言上，其一阶变量包括时空点，其二阶变量包括区域。"①这意味着，菲尔德必须承认对二阶逻辑的预设。然而，二阶逻辑与一阶逻辑不同，其中存在不完备的证明程序，即某些二阶理论的结论永远无法得到证明。此外，在某些关于二阶量词"$\forall F$"和"$\exists F$"的表达中，变量 F 的范围是在一阶量词范围内的对象集合。使用二阶逻辑表达的公理系统将致使菲尔德必须承认某些数学对象或集合的存在性，即一阶变量和二阶变量都指称抽象对象。也就是说，菲尔德必须承认抽象集合的存在性，这显然与反实在论的出发点相背离。而要避免这一点，菲尔德就必须放弃二阶逻辑的集合论，那样将导致其唯名论化的策略无法进行。

菲尔德把全部科学唯名论化的任务不可能完成。菲尔德虽然通过提供牛顿引力理论的唯名论化版本，但即便在经典物理学中数学是可缺省的，将这一策略拓展到量子理论中仍是遥不可及的。实际上，量子力学的唯名论化并不可行。量子力学中应用了大量抽象的理论实体，其中不仅包含实数，还包括希尔伯特空间和向量。在菲尔德的唯名论化理论中，不可能找到希尔伯特空间和向量的具体对应物。通常希尔伯特空间和向量来表征量子命题和量子系统可能为真的状态，我们很难相信命题和可能性是具体的东西。此外，菲尔德的唯名论数学极为烦琐，而且只能涵盖极为有限的数学，不会也不可能得到科学家的认可。除非科学共同体承认这种唯名论的数学，并依照科学标准认定它是更好的理论，否则用这种策略就不能说明抽象对象在科学中是可缺的。用唯名论数学代替经典数学，无疑是将一些哲学原理即唯名论置于科学之上，这是不能接受的。

① Shapiro S. Philosophy of Mathematics: Structure and Ontology. Oxford: Oxford University Press, 1997: 226.

2. 保守性的概念不清

菲尔德提出的保守性定理的概念含糊不清，因为他没有指明逻辑结论的概念是语义学上的还是句法上的。如果是前者，那么菲尔德将无法同时坚持他关于数学可应用性的"榨汁机"断言。称 S 对 N 具有语义学意义上的保守性，当且仅当对任意纯粹的唯名论断言 A，如果 A^* 在 N^*+S+ "$\exists x\neg M(x)$" 的所有模型中都是真的，则 A 在 N 的所有模型中也是真的。这种保守性不能保证 A 与 S 之间的内在关联，从而揭示数学在纯唯名论语言中的应用。如果是后者，即称 S 对 N 是演绎地具有保守性，当且仅当对任意的纯粹的唯名论断言 A，如果 A^* 是 N^*+S+ "$\exists x\neg M(x)$" 的所有模型的一个定理，则 A 是 N 的所有模型中的定理，那么假如 N 是足够丰富的包含算术断言的唯名论对应物的理论，那么 S 将不会对 N 具有保守性。不管菲尔德选择哪种保守性定义，这些定义都与一致性具有密切关联，最终导致坚持数学的保守性定理同样不能免除哥德尔不完全性定理的质疑。在这个意义上，保守性在解释数学可应用时显然不能发挥与真理等同的作用。

3. 实体实在论基础的争议性

从菲尔德关于时空点的论证中，不难发现菲尔德主张科学的实体实在论，而这种实体实在论早已遭到了来自关系实在论的诘难。实体实在论认为，物理世界不仅包括物理对象和它所包含的物质，还包括时空自身。时空点是存在的，它们是时空实体的无穷小分割。在关系实在论看来，时空实体不存在，物理世界只包括物理对象和它们的物质之间的某种关联。时空不存在，时空点不可能是它的分割。在否定时空点的实体性后，不同的关系实在论者对"点"作了不同说明，还原关系论者认为点是抽象对象，清除的关系论者则认为点是不存在的。而菲尔德的虚构主义与这两种关系实在论都不协调。如果还原关系论者是对的，那么菲尔德只是用一种抽象实体代替另一种抽象实体，这不能对理解具体的生物如何能应用抽象形式提供任何帮助。如果清除的关系论者正确，那么菲尔德就不可能用任何东西替代数学实体，数学实体也就不可能是可缺的。

菲尔德为实体实在论辩护、反驳关系论的论证也存在问题。他认为，"场论使用了关于时空点为真或为假的因果谓词，用这些谓词对被物质占据的点和未被物质占据的点进行归因"。①比如，电磁理论为所有时空点都赋予了电磁强度，不管它们是否被占据。关系论者否认未被占据的点的存在性，因而不能对场论中电磁强度做出合理的归因解释。而在实体实在论中，时空是独立存在的实体，它的组成部分时空点就可能存在，不管它们是否被占据都具有因果力。这种对场论的理解方式是菲尔德关于数学可缺性论证的核心。菲尔德断言时空点是具体的，这一实体实在论观点有两个基础：一是点出现在时空中；二是点具有场论赋予它们的因果力。然而，这两个基础本身就是有问题的，其中第二个基础的问题尤为突出。只有关于时空点在时空关系中出现的事实不能说明我们如何能够得到关于这些实体的可靠性知识。因此需要说明，这些关系如何能作为获得关于时空点知识的一种渠道。如果不能提供这种解释，那么"如何知道和指称时空点"将变得和"如何认识数学实体"一样神秘。

四、实在论的进一步认识论挑战

虚构主义反实在论者对实在论的挑战由数学的本体论争论转移到认识论的说明上，试图对实在论的认识论说明提出更深入、更尖锐的挑战来回避其自身面临的新困境，这在揭示数学认识的本质方面具有重要意义。

1. 反实在论的认识论挑战

数学实在论无法回避的一个核心问题是，必须说明为什么数学家的数学信念是可靠的。如果不能做出这样的说明，就意味着柏拉图主义的数学信念将会在认识论上无法被证实，即关于抽象数学对象存在的信念无法被证实。这样一来，柏拉图主义关于数学实体存在的断言就不能成立。正如菲尔德所说，"理解贝纳塞拉夫挑战的方式，我认为，不是对确证我们数学信念能力的一种挑战，而是对我们能够说明这些信念的可靠性能力的一种挑战。……贝纳塞拉夫论文中所暗示出的挑战，对我而言，就是要提供一

---

① Field H. Realism, Mathematics and Modality. Oxford: Blackwell, 1989: 181.

种说明，即说明我们关于这些遥远实体的信念如何能够如此充分地反映这些实体的事实。简要地讲，如果说明这一点在原则上似乎是不可能的，那么就倾向于破坏对数学实体的信念，不管我们有何种理由相信这些实体"。①

认识论质疑的具体论证可以归结为以下三点：①柏拉图主义必须承认数学的可靠性论断；②由于柏拉图主义者的数学信念必须被证实，解释数学可靠性论断必须是可能的；③不可能存在这样的解释。数学柏拉图主义者应该在数学家信念与数学真理之间提供一个充足的现实关联，这一关联可以仅用一种物质条件来表达。此外，由于这种关联是在两个不同的事实系统之间建立的，因而它需要一种合理的解释。对于怎样的解释才是数学可靠性论断需要的合理解释，菲尔德没有给出明确的标准。但在他看来，数学可靠性论断的解释应该具有跟物理的可靠性论断一样合理的解释。比如，可以把数学可靠性论断和物理可靠性论断分别表示如下：

（1）$\forall S$（数学家接受 $S \to S$ 是真的）；

（2）$\forall S$（物理学家接受 $S \to S$ 是真的）。

以物理学家获得关于电子的知识为例，其关于电子知识的信念的可靠性可以通过粒子物理学家从事一项关于粒子的科学实验研究而得以解释，该解释取决于仪器如何测量电子的作用、物理学家如何对测量仪器设备产生感官刺激、这些感官刺激如何促使物理学家在心理上产生关于电子的信念，以及这些信念如何决定物理学家接受还是放弃有关电子的命题。然而，数学对象不处于因果次序之中，显然不能以与（2）相同的方式去解释（1）。菲尔德断言，数学对象在因果上不可获得并不偶然，因为数学断言的真值依赖于柏拉图主义实体的存在，这些柏拉图主义实体是外在于时空的。其结果是，如果像柏拉图主义那样，将柏拉图主义实体与物理宇宙极端分离（即使数学对象在原则上因果地远离我们），只能导致我们不能为（1）提供任何像（2）那样合理的解释。

---

① Field H. Realism, Mathematics and Modality. Oxford: Blackwell, 1989: 45.

2. 实在论对认识论挑战的回应

菲尔德对实在论提出的认识论挑战是对其虚构主义理论的进一步辩护与完善，然而考察菲尔德的论证，可见其挑战本身是存在问题的。首先，即使菲尔德成功了，我们也不能证明数学柏拉图主义完全是错误的。他只能表明没有人可以证实有关数学柏拉图主义是正确的，因而我们没有理由承认柏拉图主义，但也没有理由反对它。其次，菲尔德没有明确说明何为科学的解释。他对（2）提供的解释并没有保护科学使其免除怀疑论的批驳，因为他关于（2）的可靠性解释本身是以物理学为基础的，从而形成了一种循环论证。再次，菲尔德假设对"关联"的科学解释必须包含一种至少在某些相关对象之间的因果联系。然而，没有理由要求柏拉图主义者必须接受这种假设。比如，一阶理论的一致性与它具有模型之间的"关联"可以用完备性定理来解释，而完备性定理并未涉及任何与因果律相关的东西。此外，由于数学的抽象本性，它与物理等其他经验科学的区别显而易见，因而柏拉图主义者可以欣然接受为数学的可靠性论断提供的一种不同于经验科学的可靠性论断的解释。

事实上，菲尔德对实在论提出认识论质疑中预设了自身理论的一致性。这种一致性导致他关于可靠性的概念与他所理解的柏拉图主义观点从一开始就相互矛盾。他对柏拉图主义的认识是后者认为数学知识是先验的。一般来说，我们理解先验知识的方式有强和弱两种：强观点认为，对于知识 X，当没有经验证据能够说明 X 或反对 X 时，X 是先验的；弱观点认为，当没有经验证据能够说明 X 时，X 是先验的。菲尔德以一种更弱的方式解释了先验性，即 X 是先验的，当它在信念系统 p 中不可修正。对于菲尔德来说，当一个信念系统改变了，必然性也会随之改变。从而，要么菲尔德指出可靠性具有特殊的地位，因而拒绝柏拉图主义；要么他坚持柏拉图主义，承认可靠性只是恰巧成为他所选择的认识论标准。我们不妨以算术为例来具体阐明菲尔德论证的矛盾。一方面，如果算术的可靠性具有特殊的地位，而独立于任何信念系统，是其认识论解释的衡量标准，那么柏拉图主义的观点将以失败告终。但这种观点站不住脚，因为它将导致菲尔德陷入矛盾之中，要想避免矛盾，菲尔德必须违背自己关于柏拉图主义的论断。另一方面，如果算术的认识论解释的衡量标准依赖于一个信念系统，即可靠性论断依赖于信念系统，那么柏拉图主义就成立。这意味着，可靠性标准依赖于信念系统，它会随着信念系统的改变而改变。而依据柏拉图主义，算术知识具有先验性，即它在信念系统中不可修正。基于上述分析可知，菲尔德甚至不能说明为什么只存在一种一致的、可应用的算术，也无法说明为什么只有一种算术是保守的。菲尔德抛弃了真理性，用保守性解释算术的可应用性，但他却无法说明为什么有且只有一个算术是一致可应用的。

但需看到的是，上述问题并没有削弱菲尔德对实在论进一步挑战的力度。尽管要求数学的可靠性具有一般的因果解释是不恰当的，但它始终保留了一个开放的问题，即应该为数学的可靠性论断提供怎样的解释，怎样的解释才是合理的？

第四节　"科学"优位的丧失

基于"科学"的数学实在论与反实在论的论争与较量、挑战与质疑，也使求解数学真理困境的基本诉求逐渐清晰。尽管在数学本体的基本定位上截然相反，但不可或缺性论证与虚构主义进路因对以"科学"为标准的强调面临共同的问题，即伴随当前数学与科学领域的交叉与融合，在数学实在论的构建发展中"科学"理论优位的丧失。

虚构主义反实在论把数学对象存在作为数学真理客观性的必要前提，通过否认数学对象的存在性进一步否认数学真理。在这个意义上，关于人们是否有能力获得这些实体的问题将不复存在，数学真理困境会自动瓦解。但数学对象的本体实在性的放弃与对数学真理客观性的否认并不能满足其对科学实在论尤其是实体实在论的坚守。实际情况是，在建构各种科学假设的过程中，我们使用了大量数学词汇，而且在许多公认的科学演绎中都把数学作为前提条件。这种否认数学真理困境的策略并未真正回避真理困境中语义学难题所带来的深层问题，即如果否认数学的真理，那么何以说明数学在科学领域具有如此广泛和成功的应用。菲尔德虚构主义的解答是：第一，数学在科学中是可缺的。试图建构全新的没有任何数学符号的、唯名论的科学语言，其中不指称数学实体。这种理论能够完全代替数学在经验科学中的作用和地位。第二，数学具有保守性。这种保守性与真理性对于数学的可应用性来说具有相当的地位。在这个意义上，菲尔德认为我们可以放弃对数学真理的苛求，转而用数学的保守性同样可以说明我们所具有的数学知识何以能被应用于科学实践。然而，把所有科学唯名论化的任务显然无法完成，更为重要的是，其对科学所采取的实体实在论立场，同样不能为科学实体的可靠性信念提供证明。

　　审思数学真理困境的求解诉求，就是要求为数学与科学提供齐一的、合理的真理理论。也就是说，我们首先应该对数学与科学持有统一的、一致的本体论态度，为数学与科学提供一致的认识论说明。菲尔德对科学所持的实体实在论态度与其数学反实在论立场从根本上割裂了数学与科学的整体性，无法为数学和科学提供齐一的语义学解释，从而不能满足数学真理困境的齐一性要求，这是基于“科学”的反实在论最根本问题所在。然则，虚构主义反实在论对数学实在论提出的进一步挑战仍具有特定的认识论意义。事实上，菲尔德关于数学可靠性论断的质疑是数学真理困境中认识论难题的进一步升级，他要求把如何获得数学知识的问题转向如何为数学的可靠性信念提供说明，对于揭示数学真理的本质更具现实意义。这意味着，要为数学和科学提供的真理解释，我们不仅应该一致地说明数学和科学的可靠性论断，还应该充分揭示数学在科学中的可应用性及其显而易见的有效性。

　　不管上述批判和质疑究竟会对数学实在论构成多大威胁，反实在论者试图通过批判不可或缺性论证来动摇数学实在论的基础都是不恰当的。以蒯因为代表的不可或缺性论证支持者及其某些反对者对于数学实在论的信念显然是依赖于科学实体实在论的，他们强调数学实在论应该是科学实体实在论的推论。而我们知道，随着物理科学的不断发展，尤其是广义相对论和量子力学在宇观和微观层面上的广泛应用，科学实体实在论已经不能阐明理论实体的本体及认识论意义。这势必将使数学实在论同样面临反科学实在论者的拷问，即对任何物理对象存在性的质疑都会导致对数学实在论的质疑。从这个意义上讲，不可或缺性论证并不是关于数学实在论的最佳论证方式，也不是对数学真理困境的合理解答。

在这里我们想要强调的是，基于"科学"的实在论进路的实质问题并不在于对科学与数学之间的类比追捧，而在于把经验实体的证实标准强加于数学之上。事实上，对于数学实体是否存在这一问题的解答，并不在于数学与科学之间是否互相依赖，也不在于数学对于科学是否不可或缺，它们分别属于不同的问题域。数学与科学应具有平等的本体论与认识论地位，因而数学实在论与科学实在论之间不存在由谁推出谁的关系，只是数学与科学在实在性上的存在形式不同而已。纵观数学与科学发展的整体历程，其中的确体现了数学对于科学知识的发生、发展的关联性，但这种关联性本身并不能简单地等同于不可或缺性，更不能用来作为确证数学实体存在的前提。因此，求解数学真理困境应为数学提供与科学一致的真理解释，洞察数学与科学之间的关联性，揭示数学与科学一致的实在本性，使数学能真正地具有与科学同等的本体论和认识论地位。

第三章
基于『语言』的数学实在论

近年来，在"语言学转向"的影响下，新弗雷格主义作为一种柏拉图主义的崭新形式，逐渐出现在数学哲学的研究中，以赖特和黑尔为主要代表人物。新弗雷格主义秉承了弗雷格的基本思想，把对语言的分析作为本体论的向导，坚定地拥护把数学化归为逻辑的宏伟计划，尤其强调语境原则的作用，并进一步诠释了语境原则在阐释数字单称词时所具有的重要意义，为数学真理困境做出了一种语言学的解答。然而，抽象原则的合法性地位并未获得合理辩护，正是对抽象原则的依赖，导致了新弗雷格主义对逻辑本性的双重态度。其结果是，新弗雷格主义坚持一阶逻辑的真理性，就要面临无穷公理不容于一阶逻辑的问题；而要坚持抽象原则，他们又将受到凯撒难题的拷问。

第一节 新弗雷格主义的理论基础

数学真理困境的矛盾焦点在于柏拉图主义的本体论与经验主义的认识论无法契合，这也是弗雷格一贯坚持的分界线。从某种意义上讲，数学真理困境具有弗雷格的思想传统。在弗雷格看来，充分的经验归纳是不存在的，任何研究都必须依赖普遍的逻辑基础。他在《算术基础》中提出"数"的概念在哲学意义上是先验的，在逻辑意义上是分析的逻辑定义范型。数学就是逻辑，为了达成这种逻辑哲学目的，他预设了三个基本原则[①]：①始终要把心理的东西和逻辑的东西、主观的东西和客观的东西明确区别开来；②只有在语句的语境中，而不是在孤立的词中，才能找到词的意义；③要注意把概念与其对象区别开来。新弗雷格主义正是建立在这三个基本原则之上的。

一、数学的客观抽象性

关于数学的客观抽象性，新弗雷格主义与弗雷格的观点一脉相承。弗

① 涂纪亮. 分析哲学及其在美国的发展（上）. 北京：中国社会科学出版社，1987：34.

雷格认为算术不可能建立在心理学的基础上，因为它是客观的。数像外部世界中的对象一样是客观的东西，其存在性不依赖于人的主观意识是否想到它们，正如外部世界中对象的存在不依赖于人是否感知到它们一样。但数的存在与物的存在具有本质上的差异，物是在时空中存在的东西，而数非时空中存在的东西。①这表明了弗雷格对数的本体论态度，即数学对象是客观存在的，但其存在性不同于物质对象，数学对象在本质上是一种抽象对象。

这种立场成为新弗雷格主义理解数学本质的理论根基。他们认为，把抽象对象定义为"外在"于时空的东西没有实际意义。正如赖特和黑尔所指出的："我们应关注的是对这一特性描述的反面，即如果只注意抽象对象不是什么，而不关心这些抽象对象是什么或应该是什么，我们将不能真正说明如何能够认识这些抽象对象。"②这样看来，新弗雷格主义者要想揭示数学的客观抽象性，就必须说明数学的抽象概念是什么。其策略是借助弗雷格提出的语境原则。

二、意义的语境原则

新弗雷格主义者选择意义的语境原则作为说明数字单称词的意义理论，并进一步强调语境原则在阐明数学本体论地位时发挥的关键作用。可以说，语境原则是新弗雷格主义最核心的理论基础。根据语境原则，"一个词只有在一个命题的语境中才有意义"。③在弗雷格看来，任何单独词的意义都是无法确定的，我们只要说明包含数字的命题的意义就能揭示数字单称词的"出现"。数字单称词的作用不是谓词，而是恰当的名称，表示"自在的对象"。④如果把数字单称词理解为表示自在的对象，那么关键的问题将是给出这种对象的同一性条件："给我们一类命题就足够了，那些命题必

① 涂纪亮. 分析哲学及其在美国的发展（上）. 北京：中国社会科学出版社，1987：35-36.
② Wright C, Hale B. Benacerraf's dilemma revisited. European Journal of Philosophy, 2002, 10 (1): 114.
③ Frege G. The Foundations of Arithmetic (1884). Austin J L, trans. Oxford: Blackwell, 1953, 55-60.
④ Frege G. The Foundations of Arithmetic (1884). Austin J L, trans. Oxford: Blackwell, 1953, 60.

须具有意义，即那些命题关于我们对一个数字的认识是相同的。"①即在不使用数字单称词的情况下，通过阐明连接数字单称词的同一性陈述的意义，给出其真值条件。

在新弗雷格主义者那里，语境原则被表述为："数学知识的本体结构是由它所处的语境决定的。"②语境原则预设了在特定的具体条件下，单称词与实在之间存在着一种对应关系。正如赖特所说，"指称一个对象的表达的资格是由它的句法所决定的：一旦通过某一类表达被句法规则确定为单称词，就不可能存在关于它们是否成功地指称了对象的问题。对对象的指称能够由那些允许这些指称在恰当的语境中表现为真的人们所提出。"③对此，黑尔作了进一步强调，指出语境原则是"有益"的，"这种标准（如语境原则）是一种基本的先决条件，不只是为弗雷格自身观点提供的辩护，而是为推进语言哲学、数学哲学和一般形而上学在更广阔范围内的发展"。④坚持语境原则所带来的结果是，将数是否是某种存在的对象问题转化为关于特定陈述与其真值的逻辑形式之间的关系问题。对此，新弗雷格主义者用语言学优先原则给出了说明。

三、语言学优先原则

不同于以往认为实在的本质独立于语言的观点，新弗雷格主义采取了相反的立场。在他们看来，实在与语言具有紧密的关联，实在的结构必然反映了我们语言的轮廓。在人们谈论真理的时候，实在结构必然地反映了真理的内容。

为确保语言与实在的这种一致性，新弗雷格主义者采用了被其称作"语言学优先"（Linguistic Priority）的原则。该原则由以下几个基本要素构成⑤。

① Frege G. The Foundations of Arithmetic (1884). Austin J L, trans. Oxford: Blackwell, 1953, 62.
② MacBride F. Speaking with shadows: A study of neo-logicism. British Journal for the Philosophy of Science, 2003, 54 (1): 108.
③ Wright C. Truth and Objectivity. Cambridge, MA: Harvard University Press, 1992: 28.
④ Hale B. Singular terms// Mcguinness B, Oliveri G. The Philosophy of Micheal Dummett. Dordrecht: Kluwer, 1994: 17.
⑤ MacBride F. Speaking with shadows: A study of neo-logicism. British Journal for the Philosophy of Science, 2003, 54 (1): 108.

（SP1）句法决定性（Syntactic Decisiveness）：如果一个表达阐明了一个单称词的特有句法特征，那么这个事实就决定了该表达具有一个单称词的语义功能（指称）。

（SP2）指称极少主义（Referential Minimalism）：一种指称的表达在一个为真的原子语句中出现，这一事实决定了世界上存在一个条目，它与表明该表达的那个指称相对应。

（SP3）语言学优先（Linguistic Priority）：语言学的范畴先于本体论范畴；一个条目属于对象的范畴，只有当一个单称词指称它才是可能的。

（SP4）意义附随于使用（Meaning Supervenes on Use）：如果语句"S_1"和"S_2"表现了相同的应用模式，那么当"S_1"是真的时，"S_2"也是真的；如果表达"n_1"和"n_2"表现了相同的应用模式，那么当"n_1"指称条目 n 时，"n_2"也指称 n。

基于上述四个要素，新弗雷格主义者认为，数学原子语句是否在推论性的言谈中为真，不是由它是否准确地表征了一个独立的实在所决定的，而是取决于它是否符合为相关表达的正确使用而制定的标准。数学实在必然包含一个对象，该对象是被谈及的表达所指称的东西。这种实在论立场正是新弗雷格主义与弗雷格最大的思想差异之所在。①

借助句法优先原则，新弗雷格主义者无疑为形而上学指明了一种重要的、新的发展方向。它在根本上倒置了传统柏拉图主义者所接受的那种推理性实践与其所表征的形而上学领域在解释上的优先次序。这种改变决定了新弗雷格主义者求解数学真理困境的基本策略，即数学真理是客观存在的，其存在性可以通过语言分析而获得。

---

① 弗雷格把数字单称词看成是自在对象，对自在对象的要求既是认识论的，同时也是形而上学的。在语言与世界之间存在着一种假定的联系，数学对象是形而上学的，不管人们是否需要它们，它们都存在着。句法范畴则是认识论上的，如果不通过语言的检验，人们不会知道数学对象是否存在。(参见 Wright，1983；Wetzel，1990)。

第二节　新弗雷格主义对数学真理困境的求解

从数学哲学发展的实践上来看，新弗雷格主义较传统柏拉图主义在思想上更具深意。传统柏拉图主义把本体概念看成是先验之物，认为任何独立存在的事物都不能从逻辑概念或关于判断、断言、指称和真理的概念中得到。关于本体概念的这种先验性说明易令人接受，但面对数学真理困境却存在无法回避的难题，即如何建立语言与实在之间的关联，如何知道我们关于本体论的预设是令人满意的？因而，新弗雷格主义者否认将本体概念的独立性和首要性强加于柏拉图主义的解释中。在他们看来，本体论范畴完全是伴随着逻辑范畴的产生而产生的，判断的先验性可以确保它的客观性，能够弥合思维与实在之间难以跨越的鸿沟，由此可以直接应对柏拉图主义在认识论解释上所面临的挑战。这一对柏拉图主义的重新诠释为数学真理困境提供了新的求解方案。

一、对数学真理困境的重解

新弗雷格主义者认为，柏拉图主义者之所以会遭遇数学真理困境，其原因主要有两个：其一是把抽象的数学对象定义为"外在"于时空的东西；其二是强调关于任意对象的真理都必须包括与那些对象具有某种先前接触。这种对数学真理困境的解读会导致人们将柏拉图主义本体论与经验主义认识论结合起来，成为柏拉图主义无法克服的难题。[①]因而，新弗雷格主义的策略是舍弃上述两点，从完全相反的方向对真理困境进行求解。其基本思路是：第一，为抽象对象的本质做出定义，即直接说明抽象对象究竟是什么或应该是什么，而不在隐喻的意义上把数学对象定义为"外在"于时空的东西；第二，否认用经验主义认识论来说明对抽象对象的认识。因为依据经验主义的认识论，与任意对象的接触或者关于任意对象的知识都

---

① Wright C, Hale B. Benacerraf's dilemma revisited. European Journal of Philosophy, 2002, 10 (1): 114.

需要在有关该对象的思维中预设它存在。一旦束缚在这种框架内，柏拉图主义者所要说明的就不仅是人们如何能够知道关于抽象对象的知识，还必须说明人们如何能思考关于那些抽象对象的问题。其后果是，柏拉图主义者既无法提供一种令人满意的认识论，也无法提供一种可操作的语义学理论。对于关于抽象对象的给定数学陈述，问题的关键并不在于我们如何能够知道它是真的，而在于它如何能够成为可理解的抽象对象。①因此，新弗雷格主义者的根本任务就是阐明抽象对象的来源，直接说明数学知识是如何被获得的。

二、同一性陈述与语境原则

对于新弗雷格主义者来说，依据语境原则，通过说明包含数字命题的意义可以证实数字单称词的存在。如果把数字单称词理解为自在对象，就必须在不使用它的情况下，通过给出连接它的同一性陈述的真值条件说明其意义，而无须预设任何与该对象的先前接触。如果同一性陈述为真，其中表示数字等抽象对象的词将在事实上指称这些对象。因而，研究关于同一性陈述的真值条件，就能为关于这些对象的认识提供直接说明。于是关键问题是：如何获得关于同一性陈述的认识？②

为了阐明同一性陈述的作用，弗雷格借助语境原则构建了一种判断的内容，把它看成是两边都是数字的同一性陈述，即把同一性作为已经理解的概念，并把它作为一种判断概念同一性的方式。比如，他对如何引入"方向"这一概念作了如下解释：通过"直线 a 与直线 b 平行"，或使用符号"$a//b$"作为"方向相等：直线 a 的方向=直线 b 的方向，等价于 a 与 b 平行"的判断，就能得到关于"方向"的概念，并且可以称"直线 a 的方向与直线 b 的方向一样"。因而，人们可以用更一般的符号"="代替符号"//"，通过分割 $a//b$ 所包含的特殊内容，并且把它分配给 a 和 b。以这种方式进行划

---

① Wright C, Hale B. Benacerraf's dilemma revisited. European Journal of Philosophy, 2002, 10 (1): 114-115.
② Wright C, Hale B. Benacerraf's dilemma revisited. European Journal of Philosophy, 2002, 10 (1): 116-118.

分，就会得到一个新概念——"方向"。以此为基础，新弗雷格主义者认为，为了以更一般的方式阐明划分概念的整个过程，可以把方向相等看成是"方向"算子的一种内在定义（……的方向），使之成为"方向"的类概念，来说明方向相等的左右两边以何方式、在何种意义上具有相同内容。这种定义的实质在于，人们可以把"方向同一"的陈述看成是包含一个关于两条直线平行的重新概念化，把两条直线间的平行关系构想成一种"新"对象（如两条直线的方向）之间的同一性关系。只要引入关于相等的约定，就能说明左右两边对应的实例具有相同的真值，即本质上相等①。

三、抽象原则

新弗雷格主义者认为，通过引入抽象类概念并确定表示其范例的应用范围，可以说明如何能理解某给定类的陈述是否包含对抽象对象的指称，即说明抽象对象如何可知，就能解决柏拉图主义的认识论难题。为了具体阐释如何引入抽象类概念，他们应用了抽象原则（Abstraction Principle）。抽象原则具有下述一般形式②：

$$（AP）：\exists\alpha\exists\beta(\Psi(\alpha)=\Psi(\beta)\leftrightarrow\alpha\approx\beta)$$

其中，"≈"是 α 和 β 的类型实体之间的相等关系，Ψ 是从该类型实体到对象的一个函项。对于任何给定的相等关系，都可以通过对它的抽象而得到一个抽象类概念，该概念属于任意特定类型的抽象对象，其中的同一性或差异由实体之间的相等关系得到。

应用抽象原则来说明数字单称词的概念时，其形式即为休谟原则（Hume Principle）③：

$$（HP）：\forall F\forall G(Nx:Fx=Nx:Gx\equiv F\approx G)$$

其中，"$Nx:Fx$"表示 F 的基数；"$Nx:Gx$"表示 G 的基数；"≈"表示一

---

① Wright C, Hale B. Benacerraf's dilemma revisited. European Journal of Philosophy, 2002, 10 (1): 116-118.
② Wright C, Hale B. Benacerraf's dilemma revisited. European Journal of Philosophy, 2002, 10 (1): 118.
③ MacBride F. Speaking with shadows: A study of neo-logicism.British Journal for the Philosophy of Science, 2003, 54 (1): 113.

一对应。该原则表明 F 的基数与 G 的基数相等，当且仅当 F 中的对象与 G 中的对象是一一对应的。借助休谟原则，可以给出数字单称词的一种隐定义。

为了具体说明这一点，新弗雷格主义者引入了表达"$Nx:x$"，并假定这种表达是合法的。要说明（HP）中"$\equiv$"左边等式为真，就要求（HP）中"$\equiv$"右边的所有范例都为真。其具体措施是借助二阶逻辑，说明非自同一概念的范例可以用于解释与其自身的一一对应关系。其形式化步骤为[①]：

第一步：

$$(Nx:x \neq x = Nx:x \neq x) \equiv (x \neq x) \approx (x \neq x)$$

等式右边是一个逻辑真理。假定（HP）为真，从右边可以推出。

第二步：

$$(Nx:x \neq x = Nx:x \neq x)$$

假定数词是单称词，通过语境原则可以推断存在一个该单称词指称的对象。由此，能够对这一公式进行存在性量化，即引入存在量词，并做出本体约定。

第三步：

$$\exists y(y = Nx:x \neq x)$$

新弗雷格主义者认为，把休谟原则从一阶逻辑扩展到二阶逻辑，就可以得到二阶版本的皮亚诺-戴德金算术公理。在二阶逻辑中，休谟原则被称为"弗雷格定理"（Frege Theorem）。通过对休谟原则的约定，就可以确证地对逻辑知识做出断言，使得人们能够认识作为对象的数。由于算术知识是先验的，基本数学原则也都是先验的。因而依据抽象原则，就可以说明人们如何能够认识包括二阶逻辑在内的所有数学定理。[②]

---

① MacBride F. Speaking with shadows: A study of neo-logicism. British Journal for the Philosophy of Science, 2003, 54 (1): 114.

② MacBride F. Speaking with shadows: A study of neo-logicism. British Journal for the Philosophy of Science, 2003, 54 (1): 114-115.

新弗雷格主义者对数学真理困境的这种求解方案，在本质上是非常直接的。在他们看来，只要方向和数字的概念能够通过抽象原则而得到隐含的定义，就能知道关于方向和数字的同一性的陈述是真的。这意味着，一旦能确知两条直线是平行的，或概念是一一对应的，就不存在关于方向和数字的真理知识如何可能这种更深入的问题。①

需要指出，新弗雷格主义者并没有从本质上赋予抽象原则以任何特殊的认识论解释功能，也没有坚持认为它就是逻辑原则，只是承认它在分析的意义上是真的。这实际上已经背离了弗雷格主义的初衷。至少，弗雷格从一开始就把休谟原则看成是逻辑的。但是，逻辑在新弗雷格主义的认识论解释中仍发挥着重要作用，因为他们必须用关于逻辑的知识来证实休谟原则"≡"右边的真。因此，他们主张，把逻辑知识与抽象原则结合起来才能够充分说明所有的数学知识，这是其对数学真理困境的解答。

第三节　新弗雷格主义求解存在的问题

新弗雷格主义的根本宗旨是把数学化归为逻辑，可以说其对数学真理困境的求解就是在对逻辑概念分析的基础上展开的。但数学实践表明，数学显然不同于逻辑，具有比逻辑更宽泛的内容。新弗雷格主义要想成功，就必须把所有的数学知识都化归为逻辑才有实现的可能，否则其对数学真理困境的求解不能令人信服。当然，新弗雷格主义者可能会辩解说他们之所以不同于传统弗雷格主义，是因为他们接受二阶逻辑，并通过把抽象原则扩展到二阶逻辑来说明数字单称词的指称难题。这样做虽然可以规避逻辑主义所面临的无穷公理等问题，但所要付出的代价却是其抽象原则无法获得合法身份。此外，新弗雷格主义单纯强调语境原则的方法，弱化了对

---

① Wright C, Hale B. Benacerraf's dilemma revisited. European Journal of Philosophy, 2002, 10 (1): 119.

意义指称的重要性，又将面对凯撒难题的诘难。

一、逻辑本性的双重态度

新弗雷格主义的根本宗旨和核心动力，就是把数学建立在逻辑的基础上。但实际上，他们对逻辑本性所持的是一种双重态度：即一方面承认一阶逻辑的真理性；另一方面又必须借助二阶逻辑。从表面上看，新弗雷格主义者否认拘泥于传统逻辑的框架内，其求解数学真理困境的基本策略就是引入二阶逻辑，直接借助二阶的抽象原则来证实数的存在性。然而，新弗雷格主义用休谟原则证实数存在的论证主要依赖于一条逻辑真理（ $(x \neq x) \approx (x \neq x)$ ），表明了其基本理论仍是建立在经典逻辑之上的。这意味着，新弗雷格主义同样不能回避逻辑主义试图把全部数学都化归为逻辑时遇到的困难。比如，逻辑主义认为，所有数学定理都能够根据逻辑规则从逻辑公理中推导出来，数学家的任务就是揭示：如果一个结构满足某些公理，则它也满足从这些公理推演出的定理。而有些数学定理（如算术和集合论中的一些定理）的证明除了要借助逻辑公理之外，还需要引入无穷公理作为特殊公理。从当前的数学理论发展来看，无限结构的特定类已经在数学中发挥了基础作用，成为整个数学图景的一部分，甚至是最为重要的一部分。而集合论中的无穷公理显然不属于逻辑范畴。数学不只是逻辑，它具有比逻辑更宽泛的研究对象和范畴，将全部数学化归为逻辑是不可能实现的。

二、抽象原则的合法性

新弗雷格主义的基本策略是借助抽象原则证实数的存在，但抽象原则自身的合法性在学界引起了极大争议，遭到了以布勒斯（G. Boolos）为代表的一批逻辑学家的质疑。他们认为，抽象原则作为一种语言学约定不能确保非语言的存在性，即使借助抽象法可以成功地引入新对象，也不能因此认为抽象法是合法的。以休谟原则为例，如果从中能够推出数学对象的存在性，那么休谟原则等价于直接的存在性断言[①]：

$$（数字）(\forall F)(\exists! y)(\forall G)[(y = Nx : Gx) \leftrightarrow (F1-1G)]$$

这意味着，休谟原则不可能只是一个约定。如果把休谟原则看成是一个约定，就同时必须抛弃它的等价论断，即否定数字的存在性断言。事实上，我们所能承认的断言是一种条件性的，即如果数字存在，那么休谟原则描述了其存在。因此，除非新弗雷格主义者能够为数字存在提供某种先在的、独立的确证，否则就不能证实休谟原则的合法性。

新弗雷格主义要么放弃使用休谟原则以避免做出任何存在性约定，要么必须证实休谟原则的合法性。我们不妨以布勒斯给出的"反-0"（anti-zero）例子[②]来说明这一点。如果存在一个数 0，它是非自同一事物的数，则必定存在一个数，它是所有具有同一性的事物的数，赖特把这个数记为 #[x : x = x]，即反-0。在 ≤ 的定义下，$m \leq n$ 当且仅当 $\exists F \exists G(m = \#F \wedge n = \#G \wedge$ 存在一个 F 到 G 的一一映射)，则反-0 为比任何其他数都大的数。布勒斯的质疑是，反-0 这种数是否真的存在？根据 ZF 集合论，不存在所有集合的数量的（基）数。显然，弗雷格算术的数论与 ZF 集合论以及标准定义不一致，它们对存在什么样的基数这一点的看法相互矛盾。因此，休谟原则对 # 的定义不能被翻译为"……的基数"。如果休谟原则是真的，那么 ZF 集合论就是假的。如果休谟原则先验地为真，那么 ZF 集合论就先验地为假。我们知道，ZF 集合论是目前为止最好的数论，而对休谟原则的约定会导致 ZF 集合论为假，其严重后果是无法想象的。

事实上，把约定的原则作为存在性断言在根本上就是有问题的。新弗雷格主义者的回应是：休谟原则不是一个存在性断言，而只是一个条件性断言。[③]然而，尽管休谟原则在形式上的确是条件性的，但它只有与任意陈述都存在的论断结合起来才可以。因此，这种策略不能把休谟原则和其他

① MacBride F. Speaking with shadows: A study of neo-logicism. British Journal for the Philosophy of Science, 2003, 54 (1): 121.
② Boolos G. Is Hume's principle analytic?//Jeffrey R. Logic, Logic and Logic. Cambridge, MA: Harvard University Press.1998: 314.
③ Wright C. Frege's Conception of Numbers as Objects. Aberdeen: Aberdeen University Press, 1983: 148-152.

存在性断言区分开。

三、凯撒难题

新弗雷格主义者借助于抽象原则所引入的概念应该是一种类概念。也就是说，抽象原则应该为相关概念提供应用标准和同一性标准。通过同一性标准可以对这些对象加以区分，借助应用标准可以说明相关概念所适用的对象是什么。但新弗雷格主义的抽象原则只能为被引入的概念提供同一性标准，无法为其提供应用标准。这意味着，借助休谟原则能够说明任意的两个数字是否相等，但却无法对一个包含混合同一性陈述的真值进行判定，如"凯撒是数字 0"。因而，新弗雷格主义者必然要面对凯撒难题的拷问，即我们如何知道凯撒不是一个数字？

新弗雷格主义者也承认抽象原则不能为他们引入的概念提供一种应用标准。但他们强调，类概念和同一性标准可以充分说明凯撒不可能是一个数字。为了说明这一点，他们使用了分类包含原则（Sortal Inclusion Principle），简称 SIP[①]。在他们看来，只要将抽象原则和 SIP 结合起来就能够解决凯撒难题。依据 SIP，数字和人的类概念具有不同的同一性标准，因而数字和人不可能被归类于相同的范畴内，即它们的范畴是不同的。由于这些范畴不是同延的，根据 SIP 中的（R_1）。

（R_1）任意两个范畴 X 和 Y，要么是同延的，要么没有相同的对象。

可知它们没有相同的对象。因此，凯撒不可能是一个数字。任何人都不可能是一个数字。更一般地讲，对属于任意给定范畴的对象来说，它都不可能与属于不同范畴的某个对象是同一的。[②]

需要指出的是，新弗雷格主义者对 SIP 的运用反映出某种经验主义认识论的特征。依据 SIP：对于陈述"水是 H_2O"，要知道水="water"，"H_2O"就必须也适用于"water"。同一性依赖于它们的例示，即"water"的每一

---

① Pedersen N J. Considerations on neo-Fregean ontology. Bielefeld: Proceedings of GAP, 2003, 5: 505-507.
② 同①。

个例示都必须能够产生关于"它就是水"的认知。从这一点来看，SIP 隐含了对于某个 x_1 和某个 y_1，只要当 x_1 与 y_1 具有相同的内容，$x=y$。也就是说，除非人们对两个词指称方式的理解能充分确保它们相互例示，否则就不能依据 SIP 断定这两个词具有相同的内容。"water"通常指称水，类似地，数词通常指称相同的概念。当人们在不同的语境中指称数字"3"的时候，它通常表示相同的内容，但绝不会表示"凯撒"。任何关于凯撒的例示都不可能与"3"出现在同一个同一性陈述中。因此，SIP 从本质上依赖于人们的经验归纳。但依照事实例示的定义，不能用于处理抽象对象，人们也不可能指向任何抽象对象。这恰恰是数学经验主义认识论者遇到的主要问题，也是新弗雷格主义求解策略提出的基点，即反对与认识对象之间具有任何先在的经验接触。在这个意义上看，SIP 的引入与新弗雷格主义的初衷是相悖的，它并未从根本上解决人们如何能认识抽象对象这一难题。

第四节　新弗雷格主义的发展与挑战

在凯撒难题的激发下，新弗雷格主义进一步得到了发展。凯撒难题表明弗雷格纲领的概念外延理论和由该理论推导算术的过程之间不可完美契合。一方面弗雷格纲领秉持概念实在，另一方面弗雷格对算术的推导要通过"等数"来确立，而在"等数"关系的确立过程中，"凯撒难题"的解决运用了蕴涵"罗素悖论"概念外延理论，从而让凯撒难题悬而未决。这一难题要求在避开"罗素悖论"的前提下对其求解，进而实现弗雷格计划。然而，保留概念的外延理论，同时又不放弃基本定律 V 对数的显定义，显然无法解决凯撒难题。如前所述，以黑尔、莱特为代表的新弗雷格主义者以抽象原则与类包含原则为基础，给出了凯撒难题的范畴求解。但这一主张遭到佩德森等新弗雷格主义后继者的质疑与补充，并据此提出无范畴的求解策略，试图为新弗雷格主义提供进一步辩护。

一、凯撒难题的复归

凯撒难题是弗雷格纲领恢复计划中的子问题，因而新弗雷格主义的最终目标是避开悖论解决凯撒难题，把算术归约为逻辑。以黑尔和莱特为代表的新弗雷格主义方案从本质上讲是对弗雷格主义两大版块（概念外延的哲学理论与从外延理论中定义算术概念及推导算术公理的过程）进行修饰处理。[①]为了避免由于构建概念外延理论而蕴含罗素悖论，黑尔和莱特采取基于类概念的抽象原则引入概念，以实现其系统内部的一致性。但凯撒难题仍以新的形式显现出来。

抽象原则的一般形式如下：

$$(AP)： \quad (\forall \alpha_\varphi)(\forall \alpha_\kappa)[(\sum(\alpha_\varphi) = \sum(\alpha_\kappa) \leftrightarrow (\alpha_\varphi \approx \alpha_\kappa)]$$

其中 $\sum$ 是一个由 α_φ 和 α_κ 的表达所引入的概念形成算子，$\approx$ 是 α_φ 和 α_κ 所指实体之间的等价关系。（AP）引入算子 $\sum$ 来扩大语言表达能力，该式假定了 $\{'\alpha_1' \cdots '\alpha_k'\}$ 可以表达语言中特殊相关谓词间的相等关系。（AP）的成立暗含了两个相关的约定：①算子可使已知表达（'α_j'，'α_k'）与未知表达之间建立联系。②引入等式的真值条件与已知句子（$\alpha_j \approx \alpha_k$）的真值条件相同。（AP）说明了引入等式的用法，从语法上看引入的词就是单称词，所以按照句法决定理论[②]，（AP）通过算子成功引入了单称词。关于如何引入单称词，黑尔与莱特进一步给出如下规则：

（MA1）句法新颖性（Syntactic Novelty）：通过约定抽象原则（AP），可以通过描述单称词的句法特征机械地引入新的表达（"$\sum(\alpha_j)$"，"$\sum(\alpha_k)$"）。

抽象原则的意义不只是引入新的单称词，更重要的是它提供了一种从已知表达来判断未知表达的方法。如果能确认"$\alpha_j \approx \alpha_k$"的真值，根据约定一致的真值条件就能确定形如"$\sum(\alpha_j) = \sum(\alpha_k)$"的陈述语句的真值。如果可以证实一个句子的真值，根据（SP2）和（SP3）[①]，就可以确定语言所指

---

① 邢滔滔. 从弗雷格到新弗雷格. 科学文化评论，2008，5（6）：62.
② 具体内容参见本书第 71 页。

称的对象和世界相对应。由此抽象原则保证了从语言到真实世界的可靠性，把我们没有认知的事物转换成已经熟悉的事物。黑尔与莱特进一步对抽象原则做出了如下约定：

（MA2）语义的新颖性（Semantic Novelty）：当日常语言不能够刻画满足 AP 所需的质料时，如果新的表达（$\sum(\alpha_J) = \sum(\alpha_k)$）通过抽象原则指称了某些事物，它们就会指称已知表达不会指称的对象。

（MA3）指称实在论（Referential Realism）：如果引入单称词是可指称的，则这些语句中所指称的对象应该获得一个实在论意义的解释，而且这个解释可以有效应用在我们熟知的表达中。[①]

应用抽象原则来说明数字单称词的概念时，该原则就是著名的休谟原则：

$$\text{(HP)：} \quad (\forall F)(\forall G)\big[(\#F = \#G) \leftrightarrow (F \approx_{1\text{-}1} G)\big]$$

其中"$\#F$"表示 F 的基数；"$\#G$"表示 G 的基数；"$\approx_{1\text{-}1}$"表示一一对应。借助休谟原则，可以给出数字单称词的一种隐定义。把休谟原则加入二阶逻辑，就可得到皮亚诺算术的所有公理。因此，新弗雷格主义者通过对抽象原则进行约定可以从具体知识进入抽象知识，从逻辑知识进入数学知识，弗雷格把算术归约为逻辑的初衷由此达成。

通过抽象原则对于已经归属于某个概念下的对象之间所具有的同一性关系是可以识别的，但无法说明某个或某些对象依据什么原则归属于某个概念之下。对于纯算术语言中的对象，如1，2，3 等，它们的同一性可以直接由休谟原则得到鉴定，从而引入其相关的概念。但这些数是什么对象通过休谟原则找不到答案，"凯撒是否是一个数"这一难题再次出现。

二、黑尔-莱特范畴求解与修正

事实上，正是由于（HP）仅提供了区别一些对象是否属于一个概念的同一性标准，而没有提供说明分属不同概念的对象是否同一的应用性标准，

---

① MacBride F. Speaking with shadows: A study of neo-logicism. British Journal for the Philosophy of Science, 2003, 54 (1): 111-112.

弗雷格拒绝使用（HP）作为数的定义。通过（HP）引入数，同时也引入了可数这个类概念，"凯撒难题"就体现为通过（HP）无法说明凯撒是否属于可数这一类概念，因而无法判断"凯撒=3"这类命题的真值。

1. 黑尔-莱特的范畴求解

黑尔与莱特承认抽象原则不能为引入的概念提供直接的应用标准，但坚信基于类概念与同一性标准凯撒问题仍可以得到解决。通过对范畴的进一步划分，说明凯撒所属的类概念不可能归属于一个可数的类。他们指出，"所有对象都属于某个特定的一般范畴的最小范围内，每一个最小范围根据其自身又划分为一般的纯类；其中所有对象具有它们所属特定纯类给定的一个根本性特质。在一个范畴中，对象之间的所有区别通过依据它所特有的同一性标准都是可说明的。而跨范畴的情况下，对象只是由于它们分属不同的范畴而存在区别。当然正是由于这些原因，我们已经开始尝试认为凯撒不是数这一点显而易见"。①

简言之，其基本思想就是以类概念为核心进而对范畴进行划分。类概念是一个对象的必然特征。所有对象都归属于类概念之下，而每一个类概念都具有一个唯一的同一性标准。范畴是类的最大扩张类，对于每一个范畴来说，同一性标准是依赖于该范畴的。所有范畴都满足①对于某给定范畴 F，其所有子类都共享它们的同一性标准；②对任意对象 x，如果 x 不是 F，则 x 落入的任意类 G 与 F 的同一性标准不同。对象根据归属共享同一性标准的类而被组织在一个范畴中。不同范畴中的对象是不同的，即这些对象归属的任意类不共享它们的同一性标准。因此，任意两个范畴 F 与 G，要么是同延的，要么不具有共同的对象。由于凯撒分属不同的范畴，它不可能是一个数，凯撒难题就得到解决。

2. 黑尔-莱特的范畴求解存在的问题

黑尔-莱特的范畴求解方案主要依据的是类包含原则（SIP）。根据（SIP）可以区分凯撒和数，因为没有一个对象可以落入类概念 F 之下且与落入类

---

① Hale B, Wright C. To Bury Caesar... // Hale B, Wright C. The Reason's Proper Study: Essays towards a Neo-Fregean Philosophy of Mathematics. Oxford: Oxford University Press, 2001: 390-391.

概念 G 之下的对象同一，除非对于任意同一性陈述 "$a=b$" 和 "$A=B$" 具有相同的真值条件，其中 a，b 能够指称 F 中的对象，A，B 可以指称 G 中的对象。①关于人的同一性陈述与关于数的同一性陈述不同，前一个陈述涉及物理和心理意义上的连续关联性，而根据（HP）提供的同一性标准，关于数相等的陈述是关于概念之间的一一对应。因此，关于人的类概念不包含在关于数的类概念中，也就是说通过（HP）并没有把凯撒引入。更一般地，通过（HP）引入的数概念只能与具备同一性的概念对象相等。但黑尔-莱特的范畴求解方案很快遭到了质疑。

一方面以达米特为代表的学者认为这种解决方案太强，因为它排除了不同类对象之间可能的识别标准。②例如，数学家有时会把整数和自然数看成是复数。而由于不同的同一性标准对应着不同种类的数，根据（SIP）类概念整数和自然数不能应用于复数之上，那么就没有自然数和整数是复数。对此，麦克布莱德认为新弗雷格主义者可以选择拒绝接受单称词在句意上的指称作用，把类之间的关系模型化，数学家就不必建构自然数和整数成为复数，只需把复数视为整数和自然数结构的模型。③

另一方面范畴求解方案又太弱，因为它实际上并没有提供一种应用性标准。④面对这方面质疑，黑尔与莱特做出了妥协，他们承认通过（HP）引入的类概念的确不可应用于凯撒，但这并不代表凯撒不能应用于其他类的抽象对象。而由此引发的进一步质疑是，假设存在一个和自然数序列同构的序列，二者具有相同的同一性标准，在自然数序列中引入 2，在与自然数同构的序列中引入凯撒，由于二者同构且具有相同的同一性标准，因此 2 仍有可能等同于凯撒。黑尔与莱特的休谟原则（HP）不能提供一种区别自然数同构序列的应用性标准，只能找到一个更细致的描述方法来说明其可应用性。这个缺陷在蒯因看来是不可避免的，因为单称词对事物的描

① Schirn M. Frege's logicism and the neo-Fregean project. Axiomathes, 2014, 24 (2): 215.
② Dummett M. Frege: Philosophy of Mathematics. London: Duckworth, 1991: 161-162.
③ MacBride F. Speaking with shadows: A study of neo-logicism. British Journal for the Philosophy of Science, 2003, 54 (1): 129.
④ MacBride F. Speaking with shadows: A study of neo-logicism. British Journal for the Philosophy of Science, 2003, 54 (1): 130.

述本身就存在缺陷,它不可能极尽所能。通过语言的指称必然存在这样的缺陷。[1]

黑尔-莱特的范畴求解没有真正阐明引入的概念与凯撒的同一性关系。在类包含原则引入类概念过程中表意并不明确,如果它仅是指"某个类",那就会有不同的"类"具有相同的指称;如果它是指"指称",那么(SIP)就可以引入单称词。[2]除非两个类在其同一性陈述中包含它们共有的对象,否则这两个类不可交叠,显然(SIP)不能合理解释这种情况。由于同一性陈述可以处理成不同的表达,这就很难排除同一种对象具有不同的表达。如果凯撒处于两个类的交叠处,不同的陈述中就可能包含对象具有相同的指称,那么凯撒就可能是 2。具有生物特性的对象和数学对象乃至形而上学对象是否会存在一个"对象"为它们所共有,这也是黑尔与莱特无法说明的。

黑尔-莱特的范畴求解基于休谟原则(HP)可以具体刻画引入对象的本质,进一步根据(SIP)得出没有数是凯撒。因为依据一一对应,关于人的表达是不可能和数相同。但是沙利文(P. Sullivan)和波特(M. Potter)指出这样的假设不具有普遍意义,很有可能存在某种由虚构表达无法刻画的对象,也有可能存的独立对象根本不在我们能刻画的范围内,因此(HP)对对象本质的刻画是片面的。[3]如果对引入的对象持实在论态度,通过(HP)引入的对象本身将不能表明其存在性,它至多只是关乎概念表达的一个语词,而它所指称的对象很可能超出了我们的认知范围。

3. 黑尔-莱特的范畴求解方案修正

针对这些质疑,赫克(R.Heck)提出了修正方案。他认为解决凯撒难题,必须面对两个挑战:第一,在休谟原则所把握的关于数词的理解基础上,说明人们是如何理解关于跨类识别(Trans-sortal Identification)的问题,

---

① Wright C. Frege's Conception of Numbers as Objects. Aberdeen: Aberdeen University Press, 1983. 123-127.

② MacBride F. Speaking with shadows: A study of neo-logicism. British Journal for the Philosophy of Science, 2003, 54 (1): 131.

③ 同②。

并且说明人们如何知道数的类不同于人的类；第二，在同样的基础上，说明人们如何理解"x 是概念 G 的数"这个谓词。一方面，凯撒难题要求我们给出数概念与人概念的区分标准；而另一方面，弗雷格定理又要求我们把作为对象的数与其他对象看作同一类对象。[①]

基于这一认识，他假定存在包含两种类的（two-sorted）语言，该语言包括基本（basic）个体变量"x"，"y"，…；数字（numeric）个体变量"x"，"y"，…；基本谓词变量"F"，"G"，…；数字谓词变量"F"，"G"…；以及用角标明确标明的不同逻辑类型的关系变量"R_{bn}"，"R_{bb}"，…。该语言包含两种同一性谓词：一种是关于基础变量的，即"$\cdots=_b\cdots$"，其中两个变元的位置由基本项填充；另一种是关于数字变量的，即"$\cdots=_n\cdots$"，其中两个变元的位置由数字项填充。而混合型同一性陈述（mixed identity statements）在该语言中不是合式的。此时 HP_{bb}，HP_{nn} 成立，但 HP_{bn} 不成立。如果不讨论混合同一性陈述的真值，赫克的方案就可以避免凯撒难题。[②]

但在黑尔和莱特看来，赫克的修正方案并不可行。赫克对两种类语言的假定实际上取决于混合同一性陈述的真值，也就是说对基本与数的类别区分已经预设了对混合同一性陈述的真假判定，并将其作为逻辑起点。而黑尔和莱特认为如何对混合同一性陈述给出判定或者如何说明数与凯撒是否同一才是新弗雷格主义者真正要回答的，因此跨类（范畴）的同一性探讨仍是必要的。

根据黑尔-莱特的本体论图景，世界由一些范畴组成，由于各个范畴有着不同的同一性标准使得各个范畴区分开来，而每个范畴内又包含着不同对象，范畴内部的对象通过相关范畴的同一性标准加以区分。凯撒是否等于 2 的问题在目前看来存在两种认识，其一承认跨范畴具有同一性，其二跨范畴之间不具有同一性。如果承认前者就必须提供超验的证据来证明不同范畴间两个对象相等，但这是不可解决的。因此（HP）无法说明"凯撒"

① 刘靖贤. 概况公理与新弗雷格主义. 北京：北京大学博士学位论文. 2013：65.
② Hale B, Wright C. To Bury Caesar... // Hale B, Wright C. The Reason's Proper Study: Essays towards a Neo-Fregean Philosophy of Mathematics. Oxford: Oxford University Press, 2001: 335-396.

与引入对象之间的关系。如果承认后者即不存在跨范畴的同一性，那么所关注的对象就属于不同的范畴，则凯撒和数分属不同的范畴，凯撒必然不等于 2，凯撒区别于（HP）引入的其他对象，凯撒难题也就不构成问题。在这个意义上，可以认为凯撒难题无解，也可以认为它已经得到解决。

三、凯撒难题的无范畴求解

黑尔-莱特的求解模式很大程度上取决于对范畴的依赖。而范畴是否存在，或者对范畴的划分是否必要、是否存在统一的同一性标准成为消除黑尔-莱特求解凯撒难题的重要一环。基于对范畴概念的界定不确定性以及归属范畴的类表述不明确（例如集合和数是否属于不同的范畴，不同种类的数是否属于不同的范畴）等困难，佩德森（N. J. Redersen）等试图只依据类上的等价关系降低对范畴的依赖，从而提出无范畴的求解方案。

1. 重解黑尔-莱特求解模式

根据（SIP）的应用标准可知每一个对象都满足一个类概念，假定对于每一个本体对象都落在一个类概念之下遵从了以下的原则[①]：

（P1）每一个类概念都拥有一个独立的同一性标准。

对于任何两个类概念对象是否同一通过等价关系所确立，也就是休谟原则（HP）所体现的，即为一对一地提供了同一性标准。为确保对于不同类概念共享同一性标准，黑尔和莱特接受以下定义：

（D1）对于任意两个类 X 和 Y，当且仅当它们各自的同一性标准一致时 $S^=(X, Y)$。（$S^=$ 表示类概念间共享同一性的等价关系）

类包含原则（SIP）遵从以下定义：

（D2）当且仅当对于任意属于类 X 的对象 x 同时属于类 Y 且 $S^=(X, Y)$ 时，类 X 包含于另一个类 Y。

如果一个类概念 X 包含在类 Y 中，则类 X 在类 Y 之下。范畴是类的最

---

① Pedersen N J. Considerations on Neo-Fregean Ontology. Bielefeld: Proceedings of GAP, 2003, 5: 506.

大扩张：

（D3）当且仅当满足以下条件：①所有的 X 下的类共享同一性标准；②对于任意对象 x，如果不属于类 X 则类 Y 下的对象与类 X 不共享同一性标准，则类 X 的外延是范畴。

为了保持与黑尔-莱特最初的描述一致，保留（D2）第一条件并给出以下原则：

（P2）对于任意两个类 X 和 Y，如果类 X 和 Y 拥有一个共同对象 x，那么存在一个类 Z 被类 X 和 Y 所包含。

（P3）对于给定具有共同的同一性标准的类 X_1, X_2, $\cdots$, X_k，存在一个与这些类的并的同延类。

如果（P3）能确保范畴存在，则依据上述定义和原则可得出以下结论：

（R1）任意两个范畴 X 和 Y，或者是同延的，或者没用共同的对象。

如果（R1）是合理的，那么两个不同的范畴就不同延，那么：

（R2）如果两个类 X 和 Y 包含于两个不同的范畴 C 和 D，那么类 X 和 Y 没用共同的对象。

由此可知类概念数和人拥有不同的同一性标准，所以数和人不可能属于同一个范畴。它们的范畴不同延，通过（R1）可知它们没有共同的对象，因此凯撒不可能是一个数。任何人都不可能是一个数，更一般地没有一个对象可以与另一个范畴中的对象拥有共同的同一性标准。这依据于以下原则：

（U）一个对象只对应于一个范畴（也可以说没有对象能够属于一个以上的范畴）。

黑尔和莱特否认跨范畴之间存在同一性，他们认为这种同一性是超验的。由于同一性标准都是相对于各范畴所特有的，因此无法评判属于不同范畴的两个对象是否同一。一旦我们接受了两个对象落入不同的范畴，那也就意味着它们之间的同一性不可判断。接受（U）是为了鉴别跨范畴对象间的关系。对于一个同一性陈述 $a=b$（这里的 a，b 分别指示不同范畴的对象），由于没有可诉诸的同一性标准因而无法对上述陈述做出真假判断。为解决这类问题，佩德森在重解框架中进一步给出了范畴类（categorical sortal）的定义：

（D3*a）一个类 X 在 $S^=$ 下的等价类是类 X 在该关系下构成的类。

（D3*b）类 X 是一个范畴类，当且仅当对于任意 x，只有当 x 落入 X 在 $S^=$ 的等价类中的一个类中时，x 为 X。

（D3*a）中 $S^=$ 表示类概念间共享同一性的等价关系。（D3*b）表明，只有当 X 与其自身在 $S^=$ 下的等价类同延，X 是一个范畴类。（P3）和（D3*b）确保了由 $S^=$ 下等价类构成的范畴类的存在。（D3*a）和（D3*b）的结合可以阐明 $S^=$ 下的等价类，并说明范畴或范畴类如何以相似的方式与这些等价类关联。

于是可得到以下结论：

（R3）对于任意类 X，X 是一个范畴，当且仅当 X 是一个范畴类。

由（R1）和（R3）可直接得到推论：

（C1）对于任意两个范畴类 X 和 Y，二者或者同延或者没有共同的对象。

由（R2）和（R3）可知：

（C2）如果两个类 X 和 Y 分别包含于不同的范畴类 C 和 D，那么类 X 与 Y 之间没有共同的对象。

2. 佩德森的无范畴求解方案

上述对黑尔-莱特的求解模式重解更清晰地展示了新弗雷格主义的本体论结构，但佩德森认为其中对"范畴"以及"范畴类"的预设都不是必要的，完全可以通过只接受类上的等价关系来求解凯撒难题，最后实现算术向逻辑的化归。基于这种考虑，佩德森给出了无范畴的求解方案。

无范畴的求解思路是采纳（D1）、（D2）、（D3*a）、（P1）和（P2），舍弃（D3*b）和（P3）。[①]"凯撒难题"求解的关键在于 $S^=$ 是类概念间共享同一性的等价关系，一旦这种关系得到确立，类就根据该关系下的等价类得到划分。对于 $S^=$ 下任意两个等价类，它们或者同一或者不相交。由于每个类具有的同一性标准是独有的，因此不可能存在具有不同同一性标准的类处于 $S^=$ 下的等价类中。

黑尔-莱特的范畴求解模式中（R2）使得类概念数和人可以分属不同的同一性标准，因此这些类就包含在不同的范畴中。佩德森认为消除对范畴的预设可以达到同样的效果，于是给出以下相应结论。

（R2*）如果类 X 和 Y 在 $S^=$ 下的两个不同等价类中，那么类 X 和 Y 没有共同的对象。

在黑尔和莱特看来，类概念数和人具有不同的同一性标准。关于某种关系是否能成为同一性，这取决于依据该关系相关的同一性陈述是否能得到断定。而在跨范畴同一性的情况下，没有也不可能存在这样的标准。在佩德森的无范畴框架下，根据（D3*a），数和人处于 $S^=$ 关系下的不同等价类中，而针对跨范畴同一性的问题可以借助（U*）得到说明。

（U*）没有对象可以落入 $S^=$ 下两个不同的等价类中。

我们可以把（U*）作为黑尔-莱特范畴求解模式重解中（U）的副本，（U*）确保了抽象原则引入单称词的确定性，由此凯撒难题得到解决。

四、无范畴求解的问题

佩德森的无范畴求解消除了对范畴的依赖，在概念预设上更为节俭，使新弗雷格主义的本体论结构更加清晰。但除了将范畴的划分转换为类上的等价关系的划分之外，无范畴求解方案同样无法给出凯撒与数是否同一

---

① Pedersen N J. Considerations on Neo-Fregean Ontology. Bielefeld: Proceedings of GAP, 2003, 5: 509.

的应用性标准,因而与黑尔-莱特范畴方案面临相同的质疑,其预期目标并未达成。

1. "等价类"对类的依赖性

针对黑尔-莱特范畴求解引发的质疑,佩德森通过对范畴概念的刻画提出用"类上的等价关系"替代"范畴",以削弱新弗雷格主义本体论框架对范畴的依赖。需要指出,对"范畴"的消解并不能消除对类概念的假定,无范畴方案正是通过对任意落入类 X 的对象 x 进行限制,致使落入类 X 的任意对象 x 的同延都被类 X 所包含,从而保证等价类的存在。即使佩德森的方案实现了从范畴到类的转换,类概念应用的合理性与对"范畴"的预设也一样令人质疑。无论求解凯撒难题的范畴策略还是无范畴策略,都依赖于对范畴或等价类的划分,从本质上讲就是对类的划分,而如何对其划分才是求解凯撒问题的关键。

2. $S^=$ 标准的合法性

佩德森用基于类概念的等价关系替代"范畴"的作用,必须配合其所坚持的 $S^=$ 才能完全发挥"范畴"的功能。$S^=$ 用来表示类概念间共享同一性的等价关系,不同的类通过 $S^=$ 得到划分。只有在 $S^=$ 下各种不同的类才能组成一个类似范畴的整体,在这个等价类下,假设同一性标准是独立的,不同对象就分属不同的类。这里 $S^=$ 起到了一个类似抽象原则的作用,但抽象原则的合法性本身就存在很大争议。抽象原则作为一种语言学约定不能确保非语言的存在性,即使借助抽象法可以成功引入新对象,也不能因此认为抽象原则是合法的。如果通过抽象原则确实引入了数字单称词并由此推出了数学对象的存在,也只是因为之前已经预设了数的存在,这显然是一种循环论证。$S^=$ 也面临类似问题,比如,在佩德森的无范畴框架中,跨范畴的同一性问题同样是不能讨论的,我们能做的只是在将对象落入不同等价类之后依据对等价类的划分对跨等价类的同一性陈述做出真假判断,从而合理地引入相关对象。但凯撒难题的求解真正需要的恰恰是给出为何一个对象不能落入两个不同等价类的说明。此外,这里所能承认的断言是条件性的,即如果数存在,则休谟原则描述了其存在。除非新弗雷格主义者能够为数存在提供某种先在、独立的确证，否则就不能证实休谟原则以及 $S^=$ 的合法性。

3. 统一的同一性标准

从本质上讲，$S^=$ 标准是否合法取决于同一性标准是相对于某个范畴或某等价类所特有的，还是存在一种统一的同一性标准为所有范畴或类共有。对于黑尔-莱特的范畴求解和佩德森的无范畴求解而言，同一性标准必须是某范畴或等价类所独有的，否则会出现凯撒与数落入同一范畴或等价类中导致二者同一的问题。为了规避这一问题，佩德森承认统一同一性标准的必要性，主张把莱布尼茨定律①作为统一标准，进一步定义子共享同一性标准（sub-sharing a criterion of identity）的等价关系 sub-$S^=$，用它替换原来的 $S^=$ 得到之前的所有相应结果。②也就是说，尽管存在一种统一的同一性标准，包含所有类在内 $S^=$ 下的相应等价类根据对 $S^=$ 进行分层，把对象归入不同的子范畴中将数与人隔绝开，凯撒难题同样得解。如此一来，他必须承认存在包含所有对象的范畴，从而接受子范畴的存在。这无疑是回到了黑尔-莱特新弗雷格主义的原点。此外，他对共享同一性等价子关系的区分实际上是对对象落入不同范畴的另一种表达，因而相应地也缺乏如何对等价子关系进行区分的应用性标准。在这个意义上，佩德森并未对新弗雷格主义求解凯撒难题做出实质性推进。

事实上，凯撒难题是一个涉及认识论、形而上学以及语义学等的问题，仅从一方面对其求解必然是片面的。新弗雷格主义对语言分析的强调，的确为我们提供了有益的方法论借鉴，开拓了我们的研究视域。但从凯撒难题的求解也折射出分析哲学研究的局限性，促使我们辩证地看待逻辑的作用。回到新弗雷格主义将算术化归为逻辑的根本立场，我们也需谨慎对待。伴随当代数学各分支的纵深发展，算术、分析、几何、代数等学科分支之间的融合与交叉越发明显，为整个数学构建合理的基础与统一的需求也越发强烈。将数学化归为逻辑的可行性与必要性应交由数学实践来评判。当

---

① 莱布尼茨定律：当且仅当任意两个对象共享所有性质，它们是同一的。

② Pedersen N J. Solving the Caesar problem without categorical sortals. Erkenntnis, 2009, 71 (21): 149-153.

前以对象和函子为基本概念的范畴论作为一种数学基础的现实选择，已升华为一种数学结构主义的重要进路。它无疑有助于解决或消解数学哲学中的传统难题，对揭示数学的本体论、认识论以及语义学等问题，具有广泛而重要的应用空间。但应明确的是，数学中的范畴论与新弗雷格主义披着"范畴"外衣的类具有本质的不同。

对于新弗雷格主义者来说，在语言和实在之间存在密切关联。数词指称独立于人脑的抽象对象，就可以说明抽象对象存在，这可以从语言分析中得到。然而，新弗雷格主义者并未真正阐明语言分析如何是存在的向导，比如，单称词在特定的情况下只是一种被假定的同构关系。把语境原则作为存在的向导，用它来说明对象时证据不足。虽然语境原则能够为实在论者发现实在提供不同的途径，但不能揭示特定的语义规则，而"那些语义规则对于单称词来说仍是特别'神奇的指称理论'"。①这种认为语言能够成为存在的实质性向导的假定显然是可疑的，由于无法说明在语言词汇与独立于人脑的对象之间的联系，怀疑论的幽灵会重现。

现在，回顾贝纳塞拉夫提出数学真理困境时为合理的数学真理理论所列出的两个条件：一是为数学与科学提供一致的语义学，即数学之为真与科学之为真应该满足相同的真值条件；二是为数学与科学提供一致的认识论，即认识数学与认识科学应该依赖于相同的可靠性证据。这就要求一个恰当的数学真理理论不仅坚持数学真理客观存在性，为数学提供合理的语义解释和认识论说明，更重要的是它同样适用于解释其他科学真理，而这是新弗雷格主义根本不能满足的。因此要想求解困境，就需要我们深入探明数学与科学的实在本性，以及人们获得真理的认知模式，为数学与科学提供一致的真理理论。

事实上，我们要想为数学真理困境找到一种合理的出路，就不仅是将语境原则作为论证抽象的本体存在性的一种方法论手段，而应洞察其自身所具有的本体论性。这要求我们对数学本质提出一种新的解释进路，它既

---

① Putnam H. Realism with a Human Face. Cambridge, MA: Harvard University Press, 1990: 51.

反对句法是存在的向导这一主张（赖特对数字单称词的解释策略），又否认本体能够说明单称词意义的观点（普特南的因果指称理论）。正如韦策尔（L. Wetzel）所说："要表明的是，在句法和本体论之间存在比上述两种方式更平等的关系。我相信，可以建立一个合理的理论，它能够说明上述二者之间戏剧性的发展关系，有时我们的本体论直觉告诉我们关于句法的观点，有时句法规则决定我们的本体论观点。最终，我们在二者间获得了'反身的平衡'。"①

---

① Wetzel L. Dummett's criteria of singular terms. Mind, 1990, 99 (394): 254.

第四章
基于「自然」的数学实在论

在蒯因自然主义的影响下，麦蒂提倡彻底的自然主义，即强调数学自身发生、发展所蕴含的哲学意义。许多数学哲学家都宣称自己秉承着这一原则，但一以贯之的是麦蒂。她强调数学实在论的辩护与发展只能从数学本身而来，拒斥一切理论之上的或外部的评价，因而是一种基于"自然"的数学实在论进路。值得注意的是，麦蒂关于数学实在论的论证前后发生了很大变化，前期将集合论作为数学的典范提出集合论的实在论，而后期则在本体论问题上采取了弱化态度，提倡第二哲学的自然主义，反对在数学之外设立任何"第一原则"。第二哲学的自然主义把纯数学看成是考察世界的基本要素，探讨方法论相关的问题，评价基于实现数学目的所产生数学理论的有效性。数学的存在性、真、知识、指称等的探讨对于纯方法论分析都是不必要的装饰。在这些讨论中，她可以是非实在论者（arealist），也可以是弱实在论者（thin realist）。本章主要探讨麦蒂自身在数学实在论的辩护与修正过程中，所展示出对数学实践的关注。

第一节　基于"自然"之数学实在论的理论基础

基于"自然"的数学实在论有两个理论来源，其一是哥德尔数学哲学的基本思想；其二是在数学中彻底贯彻蒯因的自然主义原则，同时对蒯因的不可或缺性论证做出了进一步扬弃。在有机整合这两种思想的基础上，她首先选择了集合论的实在论立场：折中的柏拉图主义（Compromised Platonism）和双重认识论（Two-tiered Epistemology）。

一、折中的柏拉图主义

麦蒂从哥德尔那里继承了三个方面的观点：对实体实在论的本体论态度、对认知数学对象能力的说明以及双重认识论。哥德尔主张抽象数学对象独立于人脑而存在，认为人们借助直觉能力来获得对抽象对象的认知。他强调直觉能力不同于人们所具有的视觉能力，而是某种超感能力。人们对集合论对象的感知是在一种隐喻意义上的。任何数学知识都内在地得到证实，认识主体与认识对象之间具有直接的联系，因而对数学知识的证实不必作为不可或缺性论证的结论。哥德尔同时也承认借助直觉不能获得所有的集合论原则，因而提出一种双重认识论来加以说明。在他看来，"即使它（一个公理）根本不具有内在的必然性，应用另一种方式仍有可能决定其真理性，即通过归纳研究它的'成功'，即其结论的丰富性，尤其是在'能够证实'的结论中（即无须新的公理就可得到论证的结论）。然而，依靠新公理更容易发现这些结论的证明，而且新公理可以将许多不同的证明精简为一个"。①在其双重认识论说明中，第一重认识论说明什么是基础的东西，如皮亚诺公理，我们通过对集合论对象的直觉可以获得对这类知识的认识；第二重认识论说明则可以解释那些不十分显然的东西，比如选择公理。

在本体论上，麦蒂采取了与哥德尔一致的立场，她对数学和科学都坚持实体实在论态度。在她看来："实在论就是认为数学是关于数、集合、函数等的科学，就同物理科学是对一般物理对象、天文学实体、亚原子粒子等的研究一样。"②为了说明数学的客观性，她进一步指出，只相信数学对象存在还不够，唯心论者也会赞同这一点，因此还必须说明集合是独立于人脑而存在的。在形而上学的意义上，实体实在论既适用于科学，也适用于数学。在认识论的意义上，麦蒂认为知识因果论同样适用于说明集合论公理，因为"柏拉图主义者的希望是：对人们感知一个物理对象的感官刺激模式的解释，同样可用于解释人们感知一个物理对象的集合的感官刺激模式"。③人们可以通过观看和品尝苹果来获得对苹果的认识，与之类似，对集合的某些因果接触也可以提供与之相关的知识。她进而强调，日常对象对集合不具有优先性，因为世界先天就是物理和数学的。同特定的苹果能够例示"苹果"一样，独立于人脑的记号也能够例示"集合"。然而，哥德尔的直觉柏拉图主义与自然主义是相互抵触的。自然主义的基本原则是：

① Feferman S, Dawson J W, Kleene S C, et al. Kurt Gödel Collected Works: Volume Ⅱ Publications 1938—1974. New York: Oxford University Press, 1990: 182.
② Maddy P. Realism in Mathematics. Oxford: Clarendon Press, 1990: 2.
③ Maddy P. Realism in Mathematics. Oxford: Clarendon Press, 1990: 49.

科学是本体论问题的最后裁判；没有超出科学之外的断定某物"真正存在"的"第一哲学"标准。由此会产生质疑：物理世界中的人如何能够通过直觉获得关于抽象对象的知识？要消除这一疑问，麦蒂就必须对传统柏拉图主义关于数学对象的描述进行修正，即像集合这样的数学对象是实在的，但不是在严格的柏拉图主义意义上的，而是在具有与一般物理对象相同意义上的。从这个角度上讲，麦蒂的实在论是一种折中的柏拉图主义。

事实上，这种折中的柏拉图主义是综合哥德尔式的柏拉图主义和蒯因的经验主义的一种尝试，它可以有效避免单纯坚持其中之一而带来的不足。折中的柏拉图主义一方面主张数学对象的独立存在性，另一方面把数学对象看作是类似于物理对象的、可感知的东西。

二、双重的认识论

在蒯因自然主义的影响下，麦蒂也成为一名自然主义者。然而，麦蒂的自然主义与传统的蒯因自然主义不同，她反对不可或缺性论证，坚持一种彻底的自然主义。在她看来，数学是现代科学的核心基础，是同现代科学一样成功的理论，我们有充分的理由相信它的存在。不可或缺性论证为数学知识所提供的证实类型是外在的，即数学借助科学实践而得到证实，而麦蒂认为数学真理的证实应依赖于对其自身对象的感知。不可或缺性论证只说明了应用数学的存在性，并不能对纯数学的存在性提供合理辩护。基础数学理论作为信念网络中理论性最强的一部分，不应由于它的"显然性"而被人们忽略，事实上对它的证实无论对于科学研究还是对于数学研究来说都很有必要。因而，应该为数学的存在性提供一种内在的证实标准，这是自然主义实在论与不可或缺性论证的不同之处。麦蒂试图为数学的认识提供一种内在的证实，但她并未因此否认数学的可应用性。实际上，她不仅承认数学的可应用性，而且依靠数学的可应用性这一事实来反对形式主义。因此，她对不可或缺性的态度是双重的，在一个层面上支持不可或缺性论证关于数学可应用性的讨论，在另一层面上反对不可或缺性论证对纯数学存在性直接证实的缺失。需要指出，麦蒂对数学可应用性的依赖是为了进一步论证其自然主义实在论的结论，而不是把数学的可应用性作为数学知识的证实依据。对此，她的态度非常谨慎。

从哥德尔的直觉柏拉图主义那里，她借鉴了他们对纯数学的认知论证方式。这不仅表明了麦蒂的自然主义实在论是一种折中的柏拉图主义，而且还表明了其在认识论解释上所采取的双重认识论态度。麦蒂指出，在较低的认识论层面上，"直觉"为我们提供基本数学理论的潜在规则，例如，哥德尔认为不同数学分支的公理强迫我们把它们看成是真的；在较高层面的认识论上，数学在自然科学中的应用能够提供一种外在的证实。这两层认识论相互支持、相互补充，把二者结合起来就能说明整个数学领域。在麦蒂看来，这种自然主义实在论策略是替代不可或缺性论证的一种尝试，它为数学真理所提供的解释具有优先性、确定性和必然性，那是蒯因和普特南的策略所不具备的。这种观点的优越性体现在它无须借助数学的可应用性来论证数学实在，因为它能确定地直接证实集合论的真理。

基于哥德尔的柏拉图主义和蒯因的自然主义这两个理论来源，麦蒂对二者进行了有机整合，提出将折中的柏拉图主义与双重认识论结合起来的策略，以此作为自然主义实在论对数学真理困境的有力回应。正如她指出的那样，"我试图抛弃传统柏拉图主义者对数学对象的描述……而将数学对象引入我们知道并且能够借助熟悉的认知能力接触到的世界中来"。[1]通过阐明我们能够感知实在的集合，就可以调和柏拉图主义的数学实在论与经验主义认识论之间的矛盾。事实上，对于实在论者来说，求解真理困境就是要解决进入数学对象的认知通道难题。因此，麦蒂的核心任务就是阐明数学抽象性与可感知之间的密切联系。

第二节　集合论的实在论对真理困境的求解

数学真理困境要求将柏拉图主义与经验主义认识论相结合。把数学对

---

① Maddy P. Realism in Mathematics. Oxford: Clarendon Press, 1990: 48.

象看成是独立于人脑而存在的客观抽象物，同时要求为如何能够认识到这些对象提供直接的经验证据，显然成为数学实在论无法克服的难题。麦蒂基于数学中的集合论实践，她试图改变传统柏拉图主义观点，以使人们能够为如何获得关于数学对象的知识提供说明。她的具体策略是说明柏拉图主义者如何通过对集合的直接感知而获得关于集合的知识。出于实用主义的考量，麦蒂将集合论看成是数学的基础。在她看来，集合论在数学研究中发挥着统一的基础性作用。集合是"简单的、可以接触到的实体，以它为基础可以形成极为有效和充分的数学理论"。①

集合论的实在论的策略主要是通过对集合展开的，主要有两个基本论点：①集合是处于时空中的，就像鸡蛋的集合一样；②集合是可感知的，人们可以通过看、听、闻等一般的方式感知集合。在麦蒂看来，集合是处于时空中的，人们能够像看见苹果一样看见集合。对感知的这种解释借鉴了赫布（D. O. Hebb）关于感知的心理学研究成果。赫布的研究表明，普通人一般在少儿时期会形成特定的神经心理学信元装配，人们通过这些信元装配感知和判定物理对象。不管赫布的研究成果是否能得到普遍认可，但麦蒂在假定承认这一理论的基础上，指出它是开启人类对集合认知大门的钥匙。在她看来，这些信元装配能够消除感知与接触之间的距离，使认识主体能够从环境中把物理对象区分出来。麦蒂称这种信元装配为"对象-探测器"，同时她还表明我们的大脑除了具有"对象-探测器"功能之外，还具有"集合-探测器"功能。"集合-探测器"能够使我们感知到物理对象的集合。依此类推，我们就能感知到物理对象、物理对象的集合、物理对象的集合的集合……集合的集合等。进一步地，可以从可感知的集合导出ZF来。如果可以感知到数学对象，那么就无须再担心我们不可能获得这种对象的知识。在这个意义上，只要断言集合是可感知的，贝纳塞拉夫对柏拉图主义在认识论解释上提出的挑战将不复存在。

值得注意的是，人们显然需要具有某种经验才能具有"对象-探测器"

---

① Maddy P. Realism in Mathematics. Oxford: Clarendon Press, 1990: 62.

和"集合-探测器"的功能,但任何特定的感知经验都不是必需的。麦蒂承认直觉在某些时候是先验的,但她同时强调数学的先验性是非常弱的,因为仍有许多数学理论不能单凭直觉而得到证实。更重要的是,自然主义者不可能想当然地接受直觉,而必须查明为什么我们依赖直觉能够得到证实,凭什么相信直觉能够正确地提供关于独立数学领域的知识?要回答这些问题,她必须把哥德尔的直觉具体化,必须回到整体信念网络中来找寻答案。为了满足这一需要,麦蒂为数学提供了双重的认识论说明,指出"最初的数学真理是通过直觉得到的,是显然的;较为理论化的假设通过它们的结论而得到外在证实;借助这种能力把低一层次的理论系统化,并对其进行说明;等等。"①随之,基本集合论也将得到自然化的说明。

在第二重认识论中,人们可以通过认识对象的有用性而证实它的存在性。因此,麦蒂集中探讨了第一重认识论如何发挥证实认识对象存在的作用。在她看来,概念能使世界简单化,自然主义的认识论正是以此为基础逐渐发展起来的。概念能够允许人们看见如集合一样的事物,那是借助其他方式所不能发现的。"真正发生的是,在纯粹的感知输入和我们自己关于物理对象的原始信念之间存在着始终处于发展中的神经调节过程"。②就像人们能看见金子一样,人们能感知一个集合(如一张桌子、椅子和墨水瓶)。通过与特定集合的接触,人们获得"集合"的概念,这种概念继而能帮助人们看到它们的例示。麦蒂断言,当人们看到事物的时候,就获得了对它们的感知信念,关于集合的概念参与到上述过程中,并发挥重要的作用。比如,要感知一个集合,就需要我们有能力把关于那个事物的知识组织起来。然而,仅凭感知而知道的事物是非常有限的,对于集合来说亦是如此。我们不可能感知一个非直谓定义的集合,不可能从感知中了解有关这类集合论的任何知识。在麦蒂看来,感知对象的结果会导致人脑的变化,即神经系统的通道会得到进一步发展。人们看到一个三角形,就是人们要求以某种特定的方式将眼睛聚焦于对象并形成一般的习惯,它会在大脑中留下

---

① Maddy P. Realism in Mathematics. Oxford: Clarendon Press, 1990: 106.
② Maddy P. Realism in Mathematics. Oxford: Clarendon Press, 1990: 7.

记号。大脑随着人们对基本行为的学习（如看见一个对象）到复杂行为（敲鼓、做体操、学习数学等）的学习过程而发生变化。她指出，"信元装配就是那些允许具有辨识能力的主体看到一个三角形、并获得关于它的感知信念的东西……粗略地讲，人类发展神经系统对象的探测器，它准许人类感知独立存在的物理对象"。①

麦蒂的纲领通常被贴上后蒯因主义的标签，这是由于她试图把自然主义延伸到数学中来。麦蒂指出，人们对集合同样具有神经系统的"对象-探测器"，即"集合-探测器"。集合与物理对象的相互接触会引起人类大脑结构上的变化，而且"集合-探测器"所产生的结果是人们能够获得对集合的感知信念。例如，通过看见一个苹果，人们会禁不住把看到苹果作为一个单元。在她看来，某种附加的认知能力使人们能看见一对苹果，即事物可以被归类于集合中，而不是单单看到两个分离的事物。一个集合可被唯一地分割为数字，这与物理中的聚集不同。比如，一个苹果可以是一个事物（一个苹果），也可以是多个事物（一个茎、一个果体等），而表示一对的集合则只包含两个元素。对于麦蒂说，当人们看到一个苹果时，同时也能看到一个集合（一个单元素集），即有两个对象存在，苹果和集合。一个集合也可以被看成与其他对象具有相同的地位，也可以被看成是一个单独的实体。她断言，人们看见集合，这就像在心理学课程中常常看到的一种关于年老女人和年轻女人的图画一样。在观察这幅图画时，人们用一种方式会看到年轻女人，而人们用另一种方式会看到年老女人。与之类似，人们在观察苹果时，可能看到一个苹果，也可能看到一个单元素集。

这种看见集合的能力同样还允许人们把不同的事物聚集起来，比如，一张桌子、一把椅子和一瓶墨水。麦蒂指出，关于"集合"的概念不会创造集合，而只与对集合的认知有关。集合和对象都是相互独立的实体，尽管我们察觉不到二者之间的差别。数学实体的存在性就是具有特定结构性质的物理对象的存在性。因此，数学对象是存在的，我们通过感知可以获

---

① Maddy P. Realism in Mathematics. Oxford: Clarendon Press, 1990: 58-59.

得对数学对象的认识，这可以有效化解柏拉图主义本体论与经验主义认识论之间的矛盾，从而使我们走出贝纳塞拉夫的数学真理困境。

第三节 集合论实在论的缺陷

如果集合论实在论能够成功，它将是对数学真理困境的最直接回应。然而，由于自然主义的影响，这种策略动摇了实在论者关于独立于人脑的集合的基本立场，而当它转向形而上学的问题时，又会受到其自然主义方法论的局限。集合论实在论的根本目的是要将传统柏拉图主义与经验主义的认识论协调在一起，然而这使得它不仅一方面会遭受传统柏拉图主义的质疑，而在另一方面同时会遭到自然主义的反对。集合论实在论主要有以下缺陷：①集合论数学基础地位的争议；②对感知同一事物的多种描述；③数学抽象性与可感知之间的矛盾。

一、集合论数学基础地位的争议

集合论实在论的基本论证是通过对集合的感知来完成的，这是因为麦蒂把集合论假定为数学的基础。然而，关于集合本身的概念在数学实践中仍未达成共识。集合论专家哈雷特（M. Hallett）就指出，实在论者需要一个比康托尔的收集、聚集等更好的关于集合的定义。集合论并不像人们想象的那样，它实际上一点儿也不比以它为基础的东西更明显，关于"集合"的定义本身仍未得到澄清。对于康托尔来说，集合就是通过把事物放在一起而形成的，因为上帝为他那样做了。人们可以成为一名关于集合的实在论者，因为在上帝的眼中它们是存在的。然而，抛开神学不谈，哈利特进而质询："什么时候称一个聚集形成一个'东西'（集合）而不仅只是一个聚集才有意义？"①"但是如果集合论是最终的结构，为什么所有数学

---

① Hallett M. Cantorian Set Theory and the Limitation of Size. Oxford: Oxford University Press, 1984: 299.

对象都应该是集合，这一疑问将是留给人们的难解之谜。"①同时，将集合论作为数学的基础，这种做法与数学先于集合论出现的历史事实相冲突。如果数学是建立在集合论之上的，那么为什么算术和几何学出现在它之前呢？麦蒂的回应是，关于"集合"的定义与科学中许多其他概念如"力"一样清晰。也就是说，它与科学实践所必需的概念一样清晰。在 20 世纪，数学的基础已经根据集合论给定，因此，选择集合论就是遵循数学家的实践。同时，为数学提供了基础，就不必要求人们必须知道皮亚诺公理才能进行运算，因为皮亚诺公理已经隐含在实践之中。麦蒂试图揭示初级的数学知识是通过对集合的感知获得的，为一个理论提供基础就是要描述如何获得关于那些理论的真理。

但是，我们并没有统一的集合论理论，不同的集合论会产生不同的定理，它们不是同构的。比如，贝纳塞拉夫在《数不能为何物》(*What Numbers Could Not Be*) 中表明，如果数字是集合，人们将不知道它是哪一种集合。比如，考虑将自然数向集合论的下列化归路径，自然数的序列：

$$0, \ 1, \ 2, \ 3, \ \cdots$$

被认为可以等同于以下两种集合序列：

$$\varnothing, \ \{\varnothing\}, \ \{\{\varnothing\}\}, \ \{\{\{\varnothing\}\}\}, \ \cdots （策梅洛集合）$$

或

$$\varnothing, \ \{\varnothing\}, \ \{\varnothing, \ \{\varnothing\}\}, \ \{\varnothing, \ \{\varnothing\}, \ \{\varnothing, \ \{\varnothing\}\}\}, \ \cdots （冯·诺依曼集合）$$

我们没有关于任何先于自然数的概念（就像皮亚诺公理所表达的那样）能够回答 2={{∅}}还是 2={∅, {∅}}。如果像基础主义者所宣称的那样，对于自然数的皮亚诺公理试图断言关于独立存在的对象的真值，那么似乎表明应该存在一种事实，它能够说明 2 是否等于策梅洛的{{∅}}。贝纳塞拉夫对柏拉图主义所提出的质疑是，需要存在一种决定性的回答，它能够解决所有关于数学对象的同一性问题，然而我们的实践找不到对此问题的答案。对于命题"一个双元素集包含在三元素集中"对于策梅洛集合和冯·诺

---

① Hallett M. Cantorian Set Theory and the Limitation of Size.Oxford: Oxford University Press, 1984: 305.

依曼集合都是真的。然而，陈述"一个单元素集包含在一个三元素集中"
对于策梅洛集合来说是假的，而对于冯·诺依曼集合来说是真的。该陈述
可被概括为如下定理的形式：

$$(\forall x)(\forall y)((x>y) \rightarrow (y \in x))$$

任意的 x 比任意的 y 大，当且仅当 y 的集合是 x 的集合的成员。该定
理适用于冯·诺依曼集合，但不适用于策梅洛集合。因此集合论中会存在
一些互不相容的概念，这些概念出于不同的目的，都可以恰当地表明集合
论的结构和特征。数学实践表明，多个集合论领域是共存的，但是这一事
实会导致任何试图将数学化归为集合论的愿望都成为泡影，因为集合论之
间本身就是不可通约的，"其结果是把集合论的一神教沦落成混乱的万神
殿"。①麦蒂对此的回应是，尽管策梅洛集合和冯·诺依曼集合不相同，但
它们可以彼此映射。她承认可能还存在其他可能的基础，但是它们必须是
集合论的"替代品"。它们必须是等价的描述，相等的但不相同。如弗雷格
所指的那样，两个事物是相等的和两个事物相同之间存在着差别。相等的
东西可被看成是一一对应，而相同则是指它们在各个方面都一样。一个六
元策梅洛集合与一个六元冯·诺依曼集合是相等的，因为它们有相同的秩，
但它们并不相同，比如，上述定理只适用于其中一个。

迄今为止，数学是否可以成功地划归为一种集合论，仍未有定论。实
用主义者强调至少大部分数学知识是可以划归为一个基础的，因为它适用
于数学的不同分支。但无论从科学实践的角度，还是从哲学分析的角度讲，
这种以偏概全的做法都不能充分地阐释数学真理的本质以及人们对数学的
认识过程。

二、感知同一事物的多种描述

麦蒂在阐明对数学集合的感知过程中，并未对所有对象都提供认知证
据，而实际上只是对一个事物做出了两种描述。齐哈若（C.Chihara）把这
一问题总结为："显然地，它（这个集合）自身看起来的确像苹果一样。毕

---

① Antonelli G A. Conceptions and paradoxes of sets. Philosophia Mathematica, 1999, 7 (3): 161.

竟，除了看到苹果之外，我没有看到任何东西，由于它和苹果具有相同的形状和颜色。或许感知上不同，我来摸一下。但我除了感知到它是苹果之外，感知不到任何其他的东西。很明显，这个奇怪的实体在感知上与苹果没有差别。闻起来或尝起来如何呢？同样，这个集合的气味和口味跟苹果的完全一样。因此，它看起来、摸起来、闻起来和尝起来都和苹果一样，而且它也处于相同的空间位置和相同的时刻——然而它是一个截然不同的实体！"①

根据古德曼（N. Goodman）的生成原则，从完全相同的资料中永远不可能生成两个事物。人们应该注意到，不遵循古德曼的生成原则，会导致荒谬的结果。人们可能从一个苹果中产生出一个无穷的本体论。比如，根据麦蒂的推理，集合是一个集合、一个魔术师、圣诞老人等共同的外延。每一个实体都可能具有它自身不可感知的性质，例如，圣诞老人与孩子有关，魔术师与魔术有关。关于集合独立于人脑而存在的断言，会产生一种无限夸大的本体论，因为人们能从中产生无穷多种集合。集合不可能只是物理的聚集，一个单元集合只具有一个成员，它的秩等于 1，而一个物理对象的聚集则没有这种特性。比如，如果篮子里有两个鸡蛋，那么 2 就是应用于这个集合的唯一数字，而鸡蛋的聚集则包括 2 个鸡蛋……许多分子，甚至更多的原子。

三、数学抽象性与可感知之间的矛盾

运用麦蒂的理论，我们无法分辨鸡蛋的集合与包含鸡蛋的集合的集合之间的差别。因而，如果所有集合都是聚集，那么我们将不能离开集合论的第一层级。麦蒂也意识到了这种数学物理化的严重缺陷，因而也承认集合具有抽象性。但她所需要的抽象性概念不是在传统意义上的，因为传统的柏拉图主义者将关于抽象对象的信念作为柏拉图主义的核心，他们认为抽象对象是非时空的、不能被感知的。因此，麦蒂需要她的集合在某种非

---

① Chihara C S. A Gödelian thesis regarding mathematical objects: Do they exist? And can we perceive them? The Philosophical Review, 1982, 91 (2): 223-224.

传统的意义上保留抽象性，并试图在物理聚集与完全的非时空对象之间留出某种中间范围。她指出包含一个鸡蛋的集合与鸡蛋的聚集不同，而是与把鸡蛋作为个体的聚集相等同。虽然鸡蛋的集合与鸡蛋的聚集是由相同物质组成，并且分有相同的位置，但二者在结构上是不同的。任何物理的聚集都与无限多个集合相联系。比如，鸡蛋的聚集不仅只是两个鸡蛋的集合，而且还与包含这个集合的集合有相同的位置。所有这些对象之间存在的区别（它们恰好都是由相同物质组成）在某种意义上是抽象的或者非物理的。正是这种集合与聚集之间在结构上的差别为麦蒂提供了她所需要的非传统意义上的"抽象"概念。她主张集合存在于时空中，然而它们具有抽象性，二者以某种非相似的方式被结构化。那么通过在传统柏拉图主义的观点与传统的反柏拉图主义观点之间发现一种中间路径，麦蒂能否避开贝纳塞拉夫的困境呢？更准确地说，麦蒂的集合是那种既满足集合论的公理，同时又可以被我们见到的那种对象吗？回答是否定的，它们不可能同时被满足。

　　集合论实在论采取的"折中的柏拉图主义"立场，试图在传统柏拉图主义和经验主义实在论之间保持中立。经验主义实在论认为所有集合都是在时空中存在的；传统柏拉图主义则认为集合都是外在于时空中的。集合论实在论认为某些集合是存在于时空中的，即非纯集合，如物理对象的集合、物理对象的集合的集合等，而其他集合是外在于时空的，即纯集合，如从空集通过像幂集运算一样的集合创造运算建立起来的反复的层级中的集合。然而，这是我们所不能接受的。因为首先，集合论实在论没有为传统的柏拉图主义提供自然化的进步。贝纳塞拉夫对柏拉图主义的挑战的关键之处是我们不可能知道非时空的对象是什么样的，贝纳塞拉夫进而将质问集合论实在论者如何知道纯集合与非纯集合是同类的，即如何知道二者遵循相同的规律，或者二者的层级是同构的。由于我们只具有对非纯集合的认识论路径，而纯集合是外在于时空的，因此不可能知道纯集合与非纯集合是同一类的。因此，集合论实在论的推论与传统柏拉图主义者的推论一样是无法被证实的。如果麦蒂的自然主义要想避免贝纳塞拉夫的认识论挑战，她将必须能够断言我们所感知的对象就是集合论的对象，否则她将与传统的柏拉图主义处于相同的境地。她将需要一种说明：第一，假如我们与集合理论的对象没有因果的关联，我们如何能够知道它们是什么样的；第二，经验主义实在论认为不存在纯集合，所有的集合都是麦蒂的非纯集合，即所有集合既是可感知的又是抽象的，这里的"抽象"是在非传统意义上的，这种观点将无法说明无穷公理的真理性。当然，麦蒂可能会通过把时空中的点作为物理对象（因而存在不可数多个物理对象），或者通过主张即使对于有限多个元素也可能存在无限多个物理对象，因为在反复的层级中会存在无限多个集合来说明无穷公理。然而，她无法为空集公理做出合理的解释，由于没有物理对象可能是空集，她必须拒绝像 ZF 那样的标准集合，而代之以一种没有空集的集合理论。即使她的"基本的非空集合"可能发生作用，那么所付出的代价将是必须宣称 ZF 是错误的。需要指出的是，为了给某一特定的科学分支提供一种合理的哲学解释，把那种科学挑选出来并抛弃它们，以达到拯救这种哲学解释的目的，这种做法显然有待商榷。

对于麦蒂来说，她必须要么放弃抽象性，那样会使她面对贝纳塞拉夫困境的语义难题；要么放弃可感知性，那样会使她面临贝纳塞拉夫困境的认识论挑战。事实上，我们并不能感知到任何集合的存在，因为我们无法感知到一个聚集与一个集合之间在结构上的区别。比如，在观察装有鸡蛋的篮子的时候，能否看到聚集和集合呢？在篮子中看不到任何无限多的集合，但是麦蒂却断言我们能够看到包含两个鸡蛋的集合，这如何可能呢？由于集合和聚集由同样的物质构成，它们会对视网膜导致相同刺激，而如果视网膜只受到了一种刺激，那么关于这个集合的感知数据将与聚集的感知数据应该相同，因此我们不能感知到聚集和集合的区别。能够感知聚集却感知不到聚集与集合之间存在的差别，由此可知，我们不能感知集合的存在。

于是，我们又重新遇到了贝纳塞拉夫的困境：我们不能认识像集合论那样的对象,因为我们没有通达它们的途径。我们对何为聚集具有感知知识,但是任何从聚集到集合的认识论跃迁都是没有保证的,因为我们没有关于这两类对象区别的数据。因此,麦蒂试图通过将抽象性与可感知性的联姻来求解贝纳塞拉夫困境的策略是失败的,因为这两种性质是不会简单地协调一致的。

第四节 基于"自然"的第二哲学

在尊崇"自然"这一基本宗旨的驱动下,麦蒂进一步对第一哲学进行了批判,始终强调"数学不对任何数学之外的裁决负责,且无须任何凌驾于证明和公理方法之上的确证。数学既独立于第一哲学,也独立于自然科学(包括与科学相联结的自然化哲学)——简言之,独立于任何外在的标准"。[①]基于"自然"的第二哲学把纯数学看成是考察世界的基本要素探讨方法论相关的问题,评价为实现数学目的所产生数学理论的有效性。麦蒂之所以把集合论置于首要的方法论地位,是因为她认为集合论是依据实践自主性的理性选择,而非数学之外设立的任何"第一原则"。在她看来,关于数学的存在性、真、知识、指称等的探讨都是对数学方法论分析的附加物,因而数学在本体论问题上需弱化处理。以批判第一哲学与强实在论(Robust Realism)为基础,麦蒂提出两种弱化的实在论进路:非实在论与弱实在论。[②]

一、强实在论的困境

尽管麦蒂在本体论问题上的态度前后期发生了很大改变,但与集合论实在论一致的是,麦蒂始终主张集合论是探讨数学哲学问题的重要对象。可以说,集合论是麦蒂数学哲学探究的核心,只是随着麦蒂基于"自然"之第二哲学的推进,焦点从对集合论的本体论说明转移到方法论意义的挖

---

① Maddy P. Naturalism in Mathematics. New York: Oxford University Press, 1997: 184.
② Maddy P. Second Philosophy of Mathematics. New York: Oxford University Press, 2007: 361-391.

掘上。基于自然主义的第二哲学，麦蒂从元理论的层面对数学实在论进行了划分与剖析。

麦蒂将强实在论定义为：把集合论看成是关于某种客观的、独立的实在性的研究。在她看来，哥德尔影响下的柏拉图主义都是一种强实在论。哥德尔把集合论作为基本的"实在"或"柏拉图"理论，集合论公理和定理直接预设了抽象对象的客观存在性，无穷公理、选择公理、排中律以及非直谓定义的应用中都隐含着柏拉图主义的标签。正如费弗曼（S. Feferman）指出："集合被设想为具有独立于人类思想或构造的一个存在的对象。尽管集合是抽象的，它们是外在的、客观实在的一部分。"①但数学真理困境针对这种实在论提出了严峻挑战，即这种实在论需要说明：抽象的、永恒的、客观的对象超出了人类认知的范围，我们如何能知道或谈论它们。在这一需求的推动下，人们试图通过坚持抽象对象是集合的概念而非任何神秘之物来说明如何获得关于集合的认识。依此观点，集合论公理不是对集合论的实在描述，而是对这一概念的说明；如果某一集合论陈述是概念的推论，则它就是真的。如果作为结果的集合论是客观的，且如果该集合论陈述的真或假是独立于我们的思想以及我们知道的方式，那么关于集合的概念自身必须是客观的。抽象对象的消除也消除了我们如何能够知道这些抽象对象的问题，但这种概念主义的实在论同样面临认识论挑战，即如何知道相关的客观概念？另一种选择是拒绝把集合看作是对象，而把它看成是客观存在于集合论层级结构中，但麦蒂认为这实质上只是再次成功转换了认识论难题。

尽管强实在论面临上述认识论挑战，但麦蒂对其的批判则是从集合论实践出发的。强实在论主张存在一个关于集合的客观世界或一个关于集合的概念或一个客观的集合论结构等，集合论陈述的目的在于对关于世界的真理做出判定；特别是，集合论公理在这个客观的世界中应该是真的且相关定理也会是真的，因此集合论中选择候选公理的宗旨只能是为哲学目的

① Feferman S. Infinity in mathematics: Is Cantor necessary? // Feferman S. In the Light of Logic. New York: Oxford University Press, 1998: 44.

服务。麦蒂认为实际情况并非如此，集合论者接受一个公理历来只是出于集合论自身论证的需要，而无须做任何形而上学的预设。比如，在考察候选公理 $V=L$ 的合法性时，出于该公理与集合论最大化目标相冲突而否定其合法性，而强实在论者反对把 $V=L$ 添加到标准公理列表的论证中，就必须论证 $V=L$ 在集合论中为假，这一形而上学论证对于数学证明是多余的。

二、第二哲学与弱实在论

基于自然主义的第二哲学，集合论方法的选择是由集合论自身决定的，方法的有效性是达成不同研究目的的必要手段，由此形成一种较弱形式的实在论立场。从这种实在论的观点看，由有效方法产生的集合论公理和定理是真的。比如，集合的存在是由存在性断言为真推出。集合论方法告诉我们集合是什么样的，提供关于集合的理论，说明存在怎样的集合、集合具有怎样的性质、集合是怎样互相关联。而关于集合是客观存在还是人脑的建构或虚构物？它们是否是时空中因果世界的一部分？它们依赖于某物而偶然存在还是必然存在着？等一系列形而上学问题则是强实在论需要面对的，显然在集合论本身找不到答案。

1. 弱实在论的本体论立场

在卡尔纳普逻辑经验主义的影响下，数学哲学中也出现了清除形而上学问题的倾向，把超出数学方法的形而上学问题当作伪问题。但仍有一系列科学问题需要第二哲学家认真说明，如关于认识数学行为本质的问题、数学语言的作用机制、与自然科学语言连接世界的方式是否相同、人类理解数学理论的过程、数学在不同应用中发挥的功能等。关于数学实体的本质、数学真理的客观性探索是对人类数学行为进行科学研究的直接组成部分，同样是我们对周围世界进行科学调查的一部分。因此在这个意义上，第二哲学家仍有必要面对形而上学家所关注的本体论与认识论问题。

集合论学家斯迪尔（J. Steel）将这种较弱的实在论版本归结为："……这是一个适当的态度，当创立者首次列出新大基数/决定性理论的时候……现在尝试一种更精细的实在论是有用的，该实在论伴随着一种自觉的、与数学中的意义和证据相关的元数学思想。"①把最大化的论证当作自觉的元数学思想就是：我们讨论优选哪一类理论并说明选出它们的理由。集合论告诉我们所有关于集合的事情，它并不因果地依赖于我们或任何其他事情，数学家们所宣称的所有情况都隐含了集合存在。伯吉斯对此进行了进一步说明，指出在需要解决宇宙学中"短缺质量"的问题时，物理学家们会假定中微子具有质量，但从来都不会对集合作这种假定。同样集合论也不会告诉我们它们在空间中的位置，它们始于何处，终于何处，或是否具有相互间的因果关联。自然科学家们不会把集合找出来或诉诸其作为因果解释的对象，因此集合不在时空中，与我们不具有直接或间接的因果关联。集合所具有的性质是由集合论赋予它们的，不具有集合论和自然科学认为是无关的而被忽略的性质。除此之外，不能谈论任何关于集合的东西，麦蒂称这种观点为弱实在论。

2. 弱实在论的认识论与语义学说明

既然弱实在论的数学对象是非时空和非因果的，它似乎面临与强实在论类似的难题，即需要给出关于人类如何认识数学事实的合理解释。在麦蒂看来，这是"弱化"（thinness）发挥作用的时候：集合正是由对集合论方法的仔细应用可被认识的一类事物。要弄清我们如何知道对集合所开展的活动，只需考察不同数学或集合论思想是如何导致我们接受这些公理的。

强实在论者坚持认为对于何为集合需要进一步的辩护。这导致弱实在论者同样遭受极端怀疑论者对第二哲学科学信念的挑战：弱实在论的论断达到了科学的最严格标准，但是它们真的得到辩护了吗？尽管弱实在论可以规避一些传统的实在论难题，但它同样要付出许多因避免引入形而上学而导致的后果。比如，在关于 CH 这种独立陈述的论争中，弱实在论者无法像强实在论者那样基于数学的客观实在性为 CH 给出"确定的真值"，但弱实在论者可以断言"CH 或非 CH"或者"CH 为真还是为假"，并把这些作为集合论的直接断言。强实在论与弱实在论的对比是，前者假定了对集

---

①　Steel J. Generic absoluteness and the continuum problem. 2004. http://www.lps.uci.edu/home/conferences/Laguna-Workshops/LagunaBeach2004/laguna1.pdf.

合论一般方法的客观实在性，而后者强调集合论方法和集合之间没有区别。集合就是能够以集合论这种方式得到的一类知识。强实在论者的错误在于，他们试图在集合论方法与集合之间插入某种难以捉摸的辩护外衣。不同的考虑导致强实在论者特别关注确定性问题：CH 的独立性、集合论分类模型的存在性、大基数公理到 CH 的不可行性、当前可用的候选定理对直觉能力的缺乏等等。强实在论者的这些考虑会导致弱实在论者害怕他们永远不会得到一个能够决定上述问题的满意理论。但这一可能性不会改变 CH 或者为真或者为假的事实。

在认识论与语义学的说明上，弱实在论者赞同用去引号真理理论取代真理符合论。比如，关于 CH 的解释，去引号论者认为"CH"以及"CH 为真"是一回事，因此会断言"CH"或者"非CH"，也会断言"CH 为真或者非 CH 为真"。符合论者显然需要引入关于集合论真、集合论的指称以及集合论语言与集合自身之间关联方式之本质的限制性条款。真与指称的去引号理论可使弱实在论者避免强实在论所面临的挑战。以关于指称的挑战为例，就人类如何指称集合这一问题，符合论者必须提供一个关于集合与我们对词"集合"的使用之间的实质性联系，而集合的非因果、非时空的本质使得这个任务异常艰巨。相比之下，去引号理论只需要说明"集合"指称的就是集合。因而，去引号论者避免了集合论实在论的一个巨大挑战。

尽管弱实在论者与去引号真理理论从相同的经典逻辑基础得出了相同的结论，但麦蒂认为二者仍有着严格的区分，去引号真理理论对于弱实在论并不必要。根据去引号真理理论，会得出这样一个假设：CH 是"事实的，但却是未知的"。因而去引号论者会承认"CH 是非事实的"这种可能性。这一点对于弱实在论者而言是不能接受的。在集合论方法和集合之间插入了一个不确定性，就表明我们的集合论方法可能是错的。弱实在论者不会这样做。这两种观点之所以会被联系起来，无疑是因为二者都认为"集合"指称集合这一事实。他们都把这一事实作为定理列出来。但是定理具有不同的来源。对于弱实在论者来说，来源是集合论方法的辖域——集合只是一类有集合论语言的惯用使用而能够指称的事物。对于去引号论者而言，其来源是我们的指称概念。因此这两种观点完全是相互独立的。

弱实在论者主张，集合不是由我们的思想或定义而被创造出来的；集合是非因果、非时空的，强实在论关于 CH 是否具有一个确定真值的担忧是一种误导。CH 是真或假是因为我们关于集合的最佳理论包括"CH 或非 CH"；仅此而已。我们探讨的结果依赖于是否在数学上出现一个很好的方式能够对它进行裁决，如 ZFC 的扩展或其他某个定理的提出。根据伍丁（W. H. Woodin）得到的结果[①]，这个问题仍然是开放的。但明确的一点是，集合论告诉我们关于集合所要了解的东西是什么，它不会揭示任何进一步的信息。

三、第二哲学与非数学实在论

在对强实在论与弱实在论做出区分之后，麦蒂讨论了非实在论的观点，并进一步明确了非实在论与反实在论、非实在论与形式主义、非实在论与弱实在论之间存在的精细区分。非实在论的基本立场是：否认关于数学事物存在的假设，主张纯数学不是发现的真理。

1. 非实在论与反实在论的区别

非实在论与反实在论的本体论立场是一致的，但二者又有着本质的不同。以虚构主义为代表的反实在论者通常把数学看成是一个游戏或一个虚构故事，数学语言是一种隐喻语言；甚至以蒯因为代表的强实在论者也常常将数学与自然科学进行类比。非实在论则反对通过数学与某种我们熟悉的事物之间的类比来理解数学，而是试图直接描述数学本身。

对于非实在论而言，集合论的任务就是在单称词集的康托尔分析这种特定难题的推动下，由效力、一致性、深度等特定价值为导向，为了追求特定的目标（经典数学的基础或关于实数和实数集的完备理论）设计和表达相关集合的理论形成过程。这一特定的数学理论形成过程是通过内在的

---

① Woodin W H. The continuum hypothesis. Notices of the American Mathematical Society, 2011, 48 (7): 234-248.

数学问题、标准以及目的得到,如函数、群、拓扑空间等数学概念的形成过程是由其自身的一系列相关考虑而直接得到的。

2. 非实在论与形式主义的区别

基于数学实践的所有哲学家都会赞同上述观点,如希尔伯特形式主义就是这种观点的践行者。形式主义也否认数学是探寻关于特定抽象物真理的事业,而是关注数学理论构建的公理化形式体系。与之相比,非实在论没有把注意力只局限于形式化的理论,围绕 ZFC 的目的和方法的自然语言讨论完全是集合论实践的一部分,甚至 ZFC 中的证明以及它的扩展都几乎没有被形式化。一致的公理系统在形式主义者那里没有差别,但非实在论者认为关于集合论方法论研究的一个核心目的是对候选公理的论证或否证提供理解和评价。与形式主义相比,非实在论者更关注纯数学所具有的广泛应用性,试图从提供不同的内在数学目的到为数学之外的应用提供方法和结构。

这一点导致数学真理困境的问题重新显现,即非实在论者否认数学对象的存在,如何要说明纯数学在实在的自然科学领域中所具有的广泛应用性。非实在论有必要说明,对数学本体实在性的放弃如何与以物理学为代表的自然科学的实在性相契合。非实在论者的回应是,假定纯数学在物理中的应用实际是将数学对象表达作为一个物理状态的比较对象,这是一个理想化和简化的过程,只要在方法论上满足研究者的需要,就达到了目的。对数学抽象对象的存在做进一步的本体论预设并不必要。关键之处在于,我们具有一个表达足够好的理论,它描述了一个恰当的数学结构。理想化和简化过程只是对纯数学已经应用于物理等自然科学中之后的解释,而数学真理困境对数学可应用性的追问恰恰是为什么纯数学可以如此不可思议地应用于各种科学之中。因此,对数学结构是否存在这一追问是十分必要的。

3. 非实在论与弱实在论的联系与区别

弱实在论认为集合论定理是真的,集合是存在的;非实在论则持相反立场。表面上,非实在论与弱实在论在本体论立场上是相互对立的,但麦蒂认为二者实质上的差别并不像强实在论与弱实在论之间的区别那么显著。对此，她引入关于置换公理的辩护来具体说明弱实在论与非实在论的联系与区别。数学和历史考察表明，置换公理是用于大量推理的基本公理，如非形式集合论提出该公理证明如阿列夫 ω 的存在性；置换公理隐含了一些重要定理，这些定理包括每一个集合都与一个序数等势、超限递归、Borel 确定性等等。强实在论者必须说明为什么如此受欢迎的性质同时也似乎是真的；弱实在论者则不做这种追问，而只是把该公理描述为能够通过像这样的集合论方法的联系得到的东西。这与非实在论对方法论的强调一脉相承。

但如何对二者加以区分呢？弱实在论与非实在论基于相同的集合论问题、标准和目的，引用相同的历史得到相同的数学结论，给出了同样的置换公理。一旦所有相关定理和关于方法论的事实准备就绪，关于真的问题就会出现：弱实在论把这些事实看成是辩护一个关于置换公理的真信念，而非实在论则只是把它们看成将置换公理加入集合论公理的一个很好的理由。

从"这是一个为 x，y，z 进行推理的好公理"到"这是一个为 x，y，z 进行推理的好公理，因此可能是真的"，期间除了加入形式真谓词之外，上述两个陈述对于弱实在论和非实在论是相同的。集合论的不同语境中都有"真"的出现："康托尔的定理是真的"；"如此这般的假设结果是真的，大大出乎我的预料"；"我认为可测基数公理是真的"；"CH 具有或不具有一个真值"。不同的集合论学家可能对这些断言具有不同的观点，这取决于他们的形而上学倾向，但麦蒂认为上述所有跟真相关的陈述实质上都是通过考察它们在实践中的作用，明确什么保障了它们的断言以及从中能得到什么。无须借助"真"这一谓词就能找出上述陈述对于集合论实践所发挥的作用：把方法论作为核心或关键的价值导向，这对于弱和非实在论都是可用的。可把上述陈述修正为："如此这般是从恰当公理中可证的""如此这般是一个为推理 x，y，z 很好的公理""采用一个如此这般可证或不可证的理论，是否会找到令人信服的数学理由"……在这一点上，弱实在论与非实在论具有完全一致的观点；区别只是出现在关于"真"的态度上：弱实在论这些是为"真"提供很好证据，而非实在论则认为关于"真"的讨论是不必要的，坚持认为方法论的事实是朴素的。

四、基于"自然"走向基于"数学"

集合论实在论策略的核心在于其双重认识论最终导致了在本体论上的两种图景。一方面将抽象对象定义为"外在"于时空的东西；另一方面，强调关于任意对象的真理知识都必须包括与那些对象具有某种形式的先前接触。麦蒂试图用"折中的柏拉图主义"与一种双重认识论结合起来满足上述要求。然而，这种策略使得她一方面无法维护它所坚持的数学抽象本性，另一方面又无法合理地说明人们认识数学对象的感知能力。集合论实在论采纳了实体实在论作为其在数学领域和科学领域共同的本体论立场，主张直接的经验感知是人们认识数学对象和物理对象的基本方式。事实上，不仅是在数学领域中，在广义的科学领域（既包括科学，也包括数学）仅仅通过这种类似于麦蒂所提出的感知方式，也不能将经验主义的认识论与实体实在论协调在一起，这正是导致其饱受争议的深层原因之所在。

正是在这一促动下，麦蒂进一步强调数学中自然主义的真正实质是从基于"自然"走向基于"数学"的。科学的"自然"是科学，而数学的"自然"是数学。在这一意义上，第二哲学家强调数学方法本身的重要意义，采用其在实践中发现的实际方法，逐步修改和推进，把关于数学事物本质的形而上学诉求搁置一旁。显然其前期的集合实在论这种强实在论是第二哲学不能接受的。在弱实在论与非实在论的选择上，麦蒂的第二哲学的立场是二者皆可。因为在麦蒂看来，第二哲学家，无论是非实在论者还是弱实在论者，认为数学是对世界进行考察的基本要素。非实在论和弱实在论之间不存在明显的区别，它们是对相同事实可供选择的两种描述。而非实在论与弱实在论任何一方都有各自的缺陷。非实在论的缺陷在于：尽管集合论的存在性断言在集合论的发展中是合理的、恰当的进步，但集合事实上是不存在的，集合论的公理也不是真的。伯吉斯称之为"在哲学时刻收回某人在科学时刻说的东西"①。麦蒂则认为更恰当评价是"一个更好的描述将是在科学时刻收回某人在数学时刻所说的东西。"②弱实在论的缺点是：在不同的领域，它关于抽象物的本体论会引发进一步的认识论质疑。事实上，如果非实在论和弱实在论在同样的表象下是等同的，那么这些问题都能像认识论难题（我们如何知道集合？）与指称难题（我们如何能够指称集合？）一样通过宣称弱化得到回答：集合正是一类可以通过集合论方法而得到指称和被认识的事物。关于集合论存在的本质问题会得到消极回应——非因果、非时空的。第二哲学家把纯数学看成是她考察世界的一个基本要素。

　　第二哲学家的任务是解决任何方法论的问题，这些问题通过评价基于数学目的的候选者的有效性而产生。数学的存在性、真、知识、指称等的归因对于纯方法论分析都是不必要的装饰，是在对数学实践添加额外的任务。这种基于"数学"实践本身的做法无疑为我们探究数学本质、从事数学哲学研究开辟了重要的方法论视域。但麦蒂将集合论作为数学基础的合理性本身，需要在数学实践中找到论据，而不能只是依据她所宣称的实用主义理性选择。事实上，考察当代数学的最新发展，集合论尽管仍具有一定的工具性作用，但将其作为数学基础的动机已经被各数学分支的纵深交叉与发展所覆盖。我们的任务就是考察当代数学的发展，从数学实践出发找到恰当的数学理论，论证其作为一种数学基础的合理性与必要性。

　　另一方面，数学真理困境对我们的启示不单单是要为数学本身提供合理的认识论与语义说明，更重要的一个诉求是为科学与数学提供一致的真理理论。对这一整体论的要求被轻易抛开需要强大的动机，或是来自科学，或是来自数学，或是来自哲学。随着科学日新月异的不断发展和科学哲学研究的不断推进，现代科学的研究领域已深入到宏观、微观尺度，超出了人类直接的感知范围，且理论体系越来越形式化、抽象化。比如，在量子

---

① Burgess J P. Mathematics and bleak house. Philosophia Mathematica, 2004, 12 (1): 19.
② Maddy P. Second Philosophy of Mathematics. New York: Oxford University Press, 2007: 390.

力学中，用来描述对象的理论实体——抽象的波函数在经验上没有与之对应可感知的物质实体。这就是说，因果认识论对自然科学的解释优位已经逐步丧失，将这种因果限制的标准强加于对数学的认识论说明显然也是不合理的。以这种因果认识论为基础的经验主义真理理论无论对自然科学，还是数学来说都是不恰当的，把它作为齐一的真理解释标准显然有失公允。因此，用实体实在论与经验主义的知识因果论来解释数学真理必然会导致集合论实在论的失败。事实上，求解数学真理困境的诉求实际上不仅是针对数学哲学的，而是在所有领域的哲学都需要认真面对的。从这个意义上讲，要想真正求解数学真理困境，我们的任务绝不仅是为数学提供一种单独的本体论和认识论，而应该将数学和科学置于相同的本体论、认识论的阐释基底上去讨论，那样才能为数学提供一种合理的语义学解释和认识论说明。探寻这样一种统一的阐释基底是所有哲学工作者的任务。

第五章
基于『语境』的数学实在论

要想真正求解数学真理困境，为数学与科学提供一致的真理解释，语境实在论不失为一种可行的策略选择。本章在论述语境实在论进路选择的动因的基础上，阐明了数学语境的结构性、整体性、确定边界性、动态性（不断再语境化）特征，指出语境实在论能够为数学真理提供与科学真理一致的语境化语义学解释和一致的语境化认识论说明，从而满足贝纳塞拉夫为合理的数学真理理论所开设的两个限制条件。

第一节　实在论困境与基于"语境"之趋向

作为一名数学实在论者，要做的是：①为数学提供实在的语义解释，以使数学语言与一般的自然科学语言具有同样的地位；②为数学提供合理的认识论解释，以使数学语言与一般的自然科学语言以同样的方式为人类所理解和接受。基于语境实在论的本体论、认识论以及方法论特征，我们认为它可以提供同时满足上述两个条件的真理解释理论，从而成为求解数学真理困境的有效出路。

通过考察当代数学实在论以及反实在论进路对数学真理困境的求解策略，可以看出，作为突破困境的可能选择，它们都遇到了各自难以解决的难题。这些难题是贝纳塞拉夫数学真理困境在更深层上的体现。因此，亟须为这一真理困境找寻别的可能出路。事实上，我们可以有新的选择来求解困境，即承认贝纳塞拉夫为数学真理解释提出的两个条件，但不接受贝纳塞拉夫把塔斯基语义学和经验主义因果认识论作为统一的标准。这就是说，我们应该为数学提供实在的语义解释，以使数学语言与一般的自然科学语言具有同样的地位；为数学提供合理的认识论解释，以使数学语言与一般的自然科学语言以同样的方式为人类所理解和接受。在新的阐释基底上为数学和科学提供统一的真理解释，通过揭示数学实体实在性与数学形式体系实在性的整体性，以及数学与科学的整体性，为数学以及其他语言寻找统一的真理理论。基于"语境"的实在论进路正是这一策略下的选择。

一、语境的实在论探索

关于"数学实在"本性的探讨始终是数学实在论与反实在论论争的焦点。柏拉图主义者主张数学对象的实在性，认为数、点、函数等数学实体是独立于人脑而存在的。在他们看来，数学的真对应于这些特定对象的存在。这种真理解释可以确保数学与科学具有一致的语义学，但它必然会面临贝纳塞拉夫数学真理困境中的认识论挑战，即如果这些特定对象是独立于人脑而存在的，那么我们何以能具有与之对应的真理？显然，传统柏拉图主义无法把数学的抽象性及其实在性用一种可以理解的认识论联结起来。

新柏拉图主义者秉承了柏拉图的基本观念，始终坚持数学对象的抽象存在性，试图为抽象的数学实体赋予一种新的解释，把数学化归为某个基础，通过对数学基础的认识把柏拉图主义从认识论的谜团中解救出来。比如，夏皮罗提出的先物结构主义把数学的本质看成是结构，新弗雷格主义实在论者作为柏拉图主义的另一崭新进路，试图通过澄清抽象对象本身的逻辑概念来说明数学实体的本质。然而，他们把数学化归为某个基础的可行性均遭到了质疑，例如，先物结构主义面临某些数学对象不是结构、同构不等于同一的问题；新弗雷格主义则面临抽象原则的合法性问题。尽管这些实在论进路的理论各具特色，但其基本立场是一致的，即都认为数学的实在性本质在于数学对象的抽象存在性。事实上，正是这种对数学实在本质的理解导致他们无法从根本上解决来自反实在论在认识论解释上的挑战，因为对象的抽象存在性本身就预设了对象的独立性和不可知性。一些实在论者为了避免这种困难，选择了折中的策略，试图通过把数学对象理解为一种类似于物理实体的对象，以此来说明我们对数学的可知性，比如，麦蒂提出的集合论实在论把数学化归为集合，试图通过我们对集合的感知来说明对数学知识的可知性。然而数学中没有统一的集合论，将数学化归为不统一的集合论无法澄清数学的本质是什么。另一些实在论者彻底放弃对数学对象独立存在性的要求，放弃对数学实体存在性的直接探讨，试图借助数学与科学的整体性来证实数学对象的存在性，如蒯因和普特南的不可或缺性论证。这种策略一定程度上巧妙地回避了贝纳塞拉夫的认识论难题，但是不可或缺性只是数学本质的特性，而不应成为证实数学对象存在的前提。这种论证一方面承认数学对象的存在，另一方面却否认该对象在认识论上能够得到直接证实，显然直接回避了数学知识何以可能这一实质性问题。

由于上述种种坚持数学对象对独立存在的实在论策略均面临着无法解决的难题，一些实在论者开始回避探讨数学对象的独立存在性，转而坚持一种数学形式体系的实在性。他们强调数学形式体系本身能决定某一数学陈述的真值条件，这些真值条件是具有客观实在性的。对数学语言的把握足以提供认识这些真值条件的说明。然而，反实在论在认识论解释上的质疑对他们来说依然存在，他们仍有必要回答：何为数学陈述的客观存在性？既然数学真理是客观存在的，那么人类如何依靠主观思想去认识这些独立于我们的真理？另一方面，这种实在论认为陈述的真假是由数学形式体系本身决定的，因而它在语义学解释上与坚持数学对象客观存在的本体实在论不同。后者认为数学真理依赖于客观实体的存在，数学客体的客观存在性至少应该隐含在关于数学断言的客观真理中。而本体实在论的语义学解释至少与一般科学语言的语义学解释相符合。如果我们把一般科学语言的语义学解释作为标准解释，那么这种强调形式体系实在性的实在论的语义解释显然是非标准的。由之，这种实在论者还需要说明被他们认定为真的数学陈述是否就是实际上的数学真理。

对数学真理客观性的质疑，使得人们开始投向反实在论的阵营，例如，数学虚构主义者否认数学对象的存在，否认数学真理的客观性。他们认为数学是易谬的人类构造产物，甚至只是一种虚构物，数学家是发明者而不是发现者，强调数学的可认知性。然而他们仍无法回避一种类似于贝纳塞拉夫数学真理困境中提出的语义学难题，即如果数学是虚构的产物，数学理论不是客观的真理，那么数学的可靠性和有效性依赖于什么获得保证，即数学为何能在科学领域发挥如此不可思议的有效作用？

实在论者单纯强调数学对象的实在性，或者单纯强调数学形式体系的实在性，都无法阐明数学的可知性，即无法提供一种既适用于数学，同时也适用于科学的认识论说明。反实在论者完全否定数学的实在性，无法为数学的可靠性以及有效性提供任何合理说明。事实上，当代数学实在论与反实在论论争的结果是他们都无法真正回避贝纳塞拉夫数学真理困境。造成这种局面的根本原因在于，对数学实在本性的理解不应停留在数学实体的独立存在性上，也不应局限在数学形式体系本身的存在性上，而应体现在数学对象及其所在的数学系统之间关系的实在性上。这就是说，要想真正从数学真理困境中走出来，我们就必须澄清数学的实在本性——数学对象存在于数学系统中的整体关联中。因此，实在论者的任务就是寻找一种新的方式阐释数学的这种实在本性。

从数学诞生之日起，数学知识就与符号语言紧紧连在一起，从最初有形的时空符号一直发展到现在抽象的数学语言。没有数学语言，数学的意义无法得到体现，更没有数学甚至科学的进步。因此，在语言层面探讨数学知识的产生、发展及其应用具有至关重要的意义。而语言都是有特定语境的，但凡考虑到语言，就必然涉其背后的语境。从语言的层面探讨数学的本质归根结底要回归到语境的层面，语境分析无疑影响到研究数学本质问题的广度和深度。正是在这个意义上，从语境的视角分析数学的实在本性就显得尤为重要。历史地讲，关于语境原则的作用最早可以追溯到弗雷格。他在《算术基础》中为"数"的概念提出一种逻辑定义的范型，为建立数的概念而提出了意义的"语境原则"。该原则要求数字只有在命题中才具有意义，孤立的词没有意义。在他看来，数学对象是形而上学的（不管人们是否需要它们，它们都存在着）；而句法范畴则是认识论上的（如果没有通过语言的检验，人们不会知道数学对象是否存在）。其追随者新弗雷格主义继承了他的思想，并进一步意识到语境原则在证实数学对象存在性时所发挥的重要作用。他们把语境原则作为其理论的核心基础之一，指出数学知识的本体结构是由它所处的语境决定的。然而，弗雷格及其追随者都没有对语境原则在释读语言与世界之间的密切关系时能够发挥怎样的作用进行说明，也没有阐明语言分析如何成为证实存在的向导。在他们看来，语境原则只是作为论证抽象的本体语句的一种方法论意义上的工具。当然，新弗雷格主义实在论者主张实在的结构是由人们的数学语言决定的，语境具有某种本体论性，它可以充分地决定这些数学知识的本体结构，单称词和那些为真的原子语句中出现的 n-位谓词足以决定数学知识的本体结构。事实上，决定这些数学知识本体结构的应该有两个层次的语境：第一层次的语境是语句本身；第二层次的语境不仅包括语言的句法形式即语形，还包括语句的真值条件即语义，还包括认识主体把真值条件赋予语句使语句的意义得以实现的过程，即语用。新弗雷格主义实在论者意义上的语境是第一层次的，因而它们只能承认某些数学知识（纯数学）是由语境决定的。而如果在第二层次上理解语境，所有的数学知识（纯数学和应用数学）都将被理解为是由语境决定的。因此，把数学对象的这种语境性存在看成是一种具有本体论性的数学实在，将是整个数学哲学分析的一个十分"经济"的基础。这种具有语境相关性的数学实在所反映出的本质正是数学对象的实在性与整个数学形式体系实在性之间的整体关联。我们称这种实在论为语境实在论。

需要指出的是，语境实在论强调数学对象是语境化了的对象，这并不是否认数学本体的客观存在性，而是以更加合理的方式证实它的存在性。也不是说语境本身是数学实体，而是指语境包含了数学实体的对象性。语境在数学命题意义生发、理解的过程中具有本体论的性质或特征。与本体实在论认为实体可以独立地拥有自身的属性不同，在语境实在论中数学实体及其属性总是在一定的关系中体现出来。因此，语境实在论不仅能够保证对抽象数学对象做出本体承诺，而且能够阐释数学形式体系的实在本性，更重要的是它能够澄清数学对象实在性与数学形式体系实在性的整体性。在这个意义上，我们认为语境实在论无疑是数学实在论突破真理困境的合理选择。

二、数学与科学整体性的语境论辩护

关注数学与科学的整体性以及二者间相互渗透和相互交融的关系，这正是贝纳塞拉夫提出真理困境的主要动因。然而，把那些适用于传统科学实体实在论的本体论态度和认识论态度强加于数学，无疑会导致像数学柏拉图主义那样无法为数学提供恰当的认识论根据。而将只关注数学形式系统实在性的实在论的本体论态度和认识论态度应用于科学，显然无法为数学与科学提供一致的语义解释。但我们并不能因此放弃对这种整体性的要求，而是应该以理解科学断言的相同方式去理解数学断言。数学语言与科学语言本身就是相互渗透的，为数学和科学提供不同的语义解释无法揭示二者之间的紧密联系。数学陈述应该像一般陈述那样被理解，或者至少应该被尊崇为是科学的陈述。也就是说，我们应该找到一种统一的语义学既涵盖一般科学的语言同时也涵盖数学语言。

我们不妨以在数学中最常用的函数概念为例来说明为数学与其他科学提供统一的真理理论的要求对于我们认识数学所发挥的重要作用。函数概念是高等数学的基本概念，其基本定义为：如果对于量 x 的属于 μ 的一个数值，都对应着量 y 的一个唯一确定的值，我们就说量 y 是量 x 确定在集合 μ 上的一个函数。然而，随着科学的发展，这一基本概念逐渐不能满足实际研究的需要。比如，在 20 世纪初，工程师赫维赛德（Heaviside）在解电路方程时，提出了一种运算方法，称之为算子演算（又称运算微积）。这套算法要求对如下的函数

$$Y(x) = \begin{cases} 1, & x \geqslant 0, \\ 0, & x < 0 \end{cases}$$

求微商，并把这个微商记为 $\delta(x)$。但是函数 $Y(x)$ 并不可微，因为它在 $x = 0$ 处不连续，因此 $\delta(x)$ 不可能是函数。$\delta(x)$ 除了作为一个记号能够进行形式演算外，在数学上是没有意义的。然而，$\delta(x)$ 在实际应用中却非常有意义，它代表一种理想化的"瞬时"单位脉冲。如图 2 表示实际单位脉冲的电流 i

和时间 t 的关系图，当 $t=0$ 时接通电源；当 $t=t_0$ 时截断电源，总电量：$\int_{-\infty}^{+\infty} i(t)\mathrm{d}t = 1$。图 3 表示理想化了的"瞬时"单位脉冲，其中，单位是指总电量为 1；瞬时是指 $t_0 \to 0$。

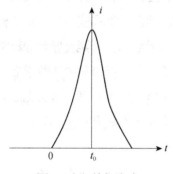
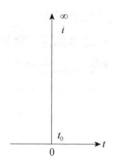

图 2　实际单位脉冲　　　　　　图 3　理想单位脉冲

这样看来，代表瞬时单位脉冲电流的符号 $\delta(t)$，实际上代表一串实际单位脉冲电流函数 $i_n(t)$ 在某种意义下的极限。$\delta(t)$ 本身并不是一个函数，但在赫维赛德的算法中，却要求对 $\delta(t)$ 求微商并进行其他运算。于是问题就产生了：这一切在数学上究竟应当怎样解释呢？特别是它的一些运算法则赖以推导的依据是什么呢？

又如在微观世界中，把可观测到的物质状态用波函数来描述，最简单的波函数具有形式 $e^{i\lambda x}(-\infty < x < +\infty)$，$\lambda$ 是实数。通常要考虑如下形式的积分

$$\frac{1}{2\pi}\int_{-\infty}^{+\infty} e^{i\lambda x}\mathrm{d}x$$

并把它按下列方式理解：

$$\frac{1}{2\pi}\int_{-\infty}^{+\infty} e^{i\lambda x}\mathrm{d}x = \lim_{n\to\infty}\frac{1}{2\pi}\int_{-n}^{+n} e^{i\lambda x}\mathrm{d}x$$

$$= \lim_{n\to\infty}\frac{1}{\pi}\frac{\sin n\lambda}{\lambda}$$

不难发现，上述极限是不存在的。但是由于物理学的发展，要求用这个极限来表示瞬时单位脉冲"函数"，记作 $\delta(\lambda)$，并称之为狄拉克符号。量子力学发展要求进一步澄清 $\delta(x)$ 的运算法则，使之能够广泛应用于实际研究中。

在原有的函数概念不能满足科学发展要求的情况下，数学家对函数概念进行了推广，提出了广义函数的数学定义，并给出了该函数的数学性质。随着泛函分析的发展，1945 年施瓦茨用泛函分析观点为广义函数建立了一整套严格的理论，接着盖尔范德对广义函数论又作了重要发展。从此，广义函数被广泛地应用于数学、物理、力学以及分析数学的其他各个分支，例如，微分方程、随机过程、流形理论等等，它还被应用到群的表示理论，特别是它有力地促进了偏微分方程近 30 年来的发展。

广义函数的定义[①]为：

基本空间 $D(\Omega)$ [②]上的一切线性连续泛函都称为广义函数，即广义函数是这样的泛函 $f:D(\Omega)\to\mathbb{R}^1$，满足

（1）线性：
$$\langle f,\lambda_1\varphi_1+\lambda_2\varphi_2\rangle=\lambda_1\langle f,\varphi_1\rangle+\lambda_2\langle f,\varphi_2\rangle$$
$$\forall\varphi_1,\varphi_2\in D(\Omega),\ \forall\lambda_1,\lambda_2\in\mathbb{R}^1$$

（2）对于任意的 $\{\varphi_j\}\subset D(\Omega)$，只要 $\varphi_j\to\varphi_0(D(\Omega))$，都有
$$\langle f,\varphi_j\rangle\to\langle f,\varphi_0\rangle\ \ (j\to\infty)$$

一切广义函数所组成的集合记作 $D'(\Omega)$。

在这一数学定义下，我们可知上述 $\delta(x)$ 为一个广义函数。因为，对于 $\delta(x)$ 函数来说，设 $\theta\in\Omega$，定义 $\langle\delta,\varphi\rangle=\varphi(\theta)$　（$\forall\varphi\in D(\Omega)$）.显然 δ 是线性的，而且当 $\varphi_j\to\varphi_0(D(\Omega))$ 时，有
$$\left|\varphi_j(\theta)-\varphi_0(\theta)\right|\to 0\ \ (j\to\infty)$$

从而
$$\langle\delta,\varphi_j\rangle=\varphi_j(\theta)\to\varphi_0(\theta)=\langle\delta,\varphi_0\rangle\ \ (j\to\infty)$$

即 δ 在 $D(\Omega)$ 上是连续的，所以 δ 是一个广义函数。在这一严格定义的基础上，δ 函数获得了合法的身份，才使得它能够被广泛应用于量子力学中。

---

① 张恭庆，林源渠. 泛函分析讲义. 北京：北京大学出版社，1999：171.

② 基本空间 $D(\Omega)$ 为：设 $\Omega\subset\mathbb{R}^n$，$u\in C(\overline{\Omega})$，称集合 $F=\{x\in\Omega,u(x)\neq 0\}$ 的闭包（关于 Ω）为 u 的支集是在此集外 u 恒为 0 的相对于 Ω 的最小闭集。

从上述关于广义函数概念的认识过程中，不难发现，数学与其他科学的整体性是不容分割的。数学知识的产生和发展不仅取决于数学形式体系自身的不断演进以及数学自身发展的需要，还与其他科学的发展密不可分。甚至有些时候科学的发展促成了数学新概念和新理论的诞生。因此，在这个意义上，贝纳塞拉夫对真理解释提出的统一性要求是完全合理的，应当为数学与科学提供一致的真理理论。这样一来，在坚持数学与科学的整体性的同时，找到一个对它们都适用的真理解释显然尤为重要。寻求对数学和科学的普遍真理解释要求我们从整体论出发对数学的本质进行反思，为数学真理提供一种合理、恰当的说明。该说明不仅要符合数学语言本身，更重要的是要与我们对整个世界的认识相协调。这意味着，我们需要从更广阔的视野去看待数学的真理性问题，它应该依赖于数学、科学和哲学的共同进步。而当代科学哲学的发展恰好为我们提供了这样一种广阔的视野。

如果强调真理决定于数学形式体系本身的实在论所提供的语义学适用于科学，那么我们也可以承认其真理解释的合理性。随着分析哲学的兴起，现代逻辑的发展提高了人们对自然科学的理解，人们试图以理想语言来"统一语言"以尝试解释任意符号的意义。然而，这种形式主义和理想化的语言图景不具有覆盖所有哲学认知的能力，而将分析哲学的这一基本思想纳入到科学哲学之中则导致了把对理论的动力学意义的求解局限于一阶逻辑和模型理论的句法分析之中。这就在本质上把意义约束于传统预设主义的模型结构，并使这种形式模型受到经验的直接检验，从而限制了语义的多层深入，把语形和句法结构教条化了。显然这种把意义理解为形式系统真值条件集合的做法无法容纳意义的整体性、具体性和多层次性，从而使得"意义"的意义不完备。因此，任何主张真理取决于形式体系本身的实在论都不能合理地说明科学理论和科学知识的本质特征，它无法为科学提供一种恰当的语义学说明。这直接导致科学哲学的研究必然要从语义的深化和意义的整体性扩张上得到进一步发展。

当代科学实在论已经不再禁锢于对终极本体实在论的追问，而是从综合的和动态的视角审思科学及其发展，从经典实在观走向了一种以整体论为基本思想的语境论的实在观。语境的本体论性与结构性决定了语境的灵活性与意义的无限性，它为在科学哲学研究中取消一元论哲学的特权、摆脱二分法的固有困惑、走出追求终极真理的困境、在多元背景下重新审思科学提供了方法论启迪。在科学实践活动中，任何一个语境都预设了特定关系的存在，或者说，各种背景之间存在的内在关系是形成语境的必要条件。这种关系既包括研究主体对相同背景的共同感知关系——共性，也包括研究主体对相同背景的不同感知关系——差异。所以，关系是语境存在的基本前提。这种关系首先演变成多重认知背景之间的黏合剂，然后，又在特定的语境中显示出独立的趋向。语境论的分析战略正是要紧紧抓住语境概念的这一特性，强调研究者只有把研究对象置于由多重背景织成的交互关联的立体网络中加以研究，才能全面而系统地揭示研究对象的内在本质及意义。因此，从语境实在论的观点看，各种实体的实在性在本质上是相同的，只是各种实体的实在性的特征不同，表现形式也不同。

基于语境实在论的上述特征，语境实在论为探讨数学与科学之本性提供了共同的标准。在人类的科学认识过程中，无论数学对象，还是物理对象，它们的存在都是一种语境化的存在，都是具有语境相关性的存在。这是因为，一旦将语境与实体关联起来，一切认识对象都将容纳于语境化的疆域之内，并在其中实现其现实的具体意义。同时，因为所有的语境都是平等的，语境本身并不具有任何超时空的特权，这种平等对话的权利更有益于人们去面对科学真理的探索及其规律性的发展。从这个意义上讲，把语境实在论作为阐释数学与科学本质的统一的阐释基底，无疑是合理选择。

三、数学与科学的语境真理解释

贝纳塞拉夫在为数学真理解释开列的限制条件中，明确指出他坚持一种塔斯基式的真理理论。但他将塔斯基真理理论理解为一种真理符合论，即

"雪是白的"是真的，当且仅当，雪是白的。

是指我们得到"雪是白的"这一经验事实，以此作为充要条件，才可使"'雪是白的'是真的""雪是白的"这个句子表达的内容是真实的。在贝纳塞拉夫看来，塔斯基真理理论确立了绝对的、客观的真理符合论。然而，把这样一种理论作为数学与科学的一致真理解释无论对于数学还是科学都是不适用的。

真理符合论要求真理之所以为真是因为事实的存在，如果对数学施行这种标准，就意味着数学真理的本质是数学实体存在的客观体现，数学陈述的真值条件就是数学实体的存在。柏拉图主义者、经验主义实在论者以及自然主义实在论者都支持这种真理理论，他们要么把数学的本质看成是绝对的抽象物，要么把数学看成是类似于经验对象的东西，但他们都无法成功地为数学认识提供一种符合于真理符合论的说明，更不能诠释数学真理的本质。尤其是非欧几何的出现直接瓦解了这种对绝对实体存在性的信念，这种真理符合论自然不会有生长的空间。以形式主义为代表的数学哲学家否认用真理符合论来解释数学真理，提出数学真理的本质是形式体系真值条件的满足，数学陈述的真值条件是形式体系的逻辑规则和定义。他们把真理看成是数学陈述真值条件的分布，认为真理完全是由逻辑体系的自洽性所决定的，而无须对应于任何外在的对象。表面看来，这似乎是容易让人接受的，然而哥德尔不完全性定理的提出，使这类基于逻辑体系自洽性的真理观必然面临某些定理的不可判定性问题，即无法根据形式体系本身给出那些定理的真值条件，即无法判定该定理是否是真理，比如连续统假设 CH。这两类真理解释虽然论证形式不同，但他们都强调数学真理的绝对客观性。这两类真理解释所面临的困难无疑会使得人们对数学真理的绝对性和客观性产生极大的质疑。

随着数学研究的不断深入，人的主观因素和社会因素对数学知识产生和发展的影响逐渐凸现出来，从而导致许多数学家和哲学家逐渐转向支持主观真理理论。主观真理理论否认数学真理的客观性，指出数学真理完全是人类智慧的结晶，数学真理只是人类构造的产物，甚至是一种虚构物。

然而，由于这种主观真理论对数学知识属人的过分强调，无法为数学在自然科学领域，甚至社会科学领域中所发挥的不可思议的作用提供有力的说明。牺牲掉数学真理的客观性所换来的代价是无法说明数学公理以及数学推理规则的有效性，甚至无法说明数学真理何以是真理。

因此，在强调数学客观性的同时，我们应该承认数学真理所蕴含的人为性。当然，这不等同于说它们就是纯主观的，而只是说明数学真理应该是主客观统一的产物，对数学真理的认识是向着揭示更高层次的客观性因素的方向演进的。正是这种认识数学真理的动态过程，才推动了数学研究的实践与发展。例如，考虑模糊微分方程：

$$\frac{\mathrm{d}x(t)}{\mathrm{d}t} = f(t, x(t)) \tag{1}$$

其中 $f \in C(\mathbb{R} \times E^n, E^n)$，$E^n = \{u: \mathbb{R}^n \to [0,1],$ 且 u 满足下述条件（Ⅰ）—（Ⅳ）$\}$：

（Ⅰ）u 是正规的，即存在 $x_0 \in \mathbb{R}^n$，使得 $u(x_0) = 1$；

（Ⅱ）u 是模糊凸的，即 $\forall x, y \in \mathbb{R}^n$ 且 $0 \leqslant \lambda \leqslant 1$，$u(\lambda x + (1 - \lambda y)) \geqslant \min\{u(x), u(y)\}$；

（Ⅲ）u 是上半连续的；

（Ⅳ）$[u]^0$ 是紧的。

$\frac{\mathrm{d}x(t)}{\mathrm{d}t}$ 表示 x 关于 t 的 H-导数，由于 E^n 仅是完备的度量空间，不是完备的线性赋范空间，对于 $u, v \in E^n$，$u - v$ 的存在性不是总能保证的，而由 H-导数的定义

$$\frac{\mathrm{d}x(t)}{\mathrm{d}t} = \lim_{\Delta t \to 0} \frac{x(t + \Delta t) - x(t)}{\Delta t}$$

可知，要保证 $\frac{\mathrm{d}x(t)}{\mathrm{d}t}$ 的存在性，首先必须对 $x(t + \Delta t) - x(t)$ 的存在性做出假设。这一假设，使得对方程（1）的研究在某种程度上建立在语用约定之上。这意味着如果过分地强调数学的绝对客观性，就否认了语用约定的合理性，其结果是无法为上述模糊方程求解，无法进行正常的数学推理。另一方面，如果强调数学是纯粹主观的臆造，显然不符合数学事实，因为在上述定义

中，除了对减法的可行性做出约定之外，其他的推理完全是符合数学规律的、是数学客观性的体现。所以，单纯强调数学真理的主观性是片面的，而单纯强调数学真理的客观性，同样也是片面的。对任何一种绝对真理观的片面性强调，必然会失去数学真理主客观的一致性，使之陷入数学真理的困境中。因此必须为数学真理寻求新的解释理论，这一理论能够不再强调绝对的主观因素和绝对的客观因素，而是强调一种理论的主体间性，语境实在论的真理理论正是这种合理的选择。

语境实在论的真理理论把真理理解为是"语境化"的概念，真理的语境化表明了真理发展的"趋向"或"态势"，而不要求赋予真理以描述世界或人类自身的语言特权地位，更不是在寻找人类普遍的知识标准。这种真理观能够冲破传统真理符合论的桎梏，内在地显示语境作为一种具有本体的实在，它不需要在形式上再作抽象的语言哲学的本体论还原，并且它能够消除强加于存在之上的任何先验或超验的范畴或本质，强调存在的意义就在于语境中各要素间的相互关联性，因而"关系可以解释一切"。真理的"语境化"意味着，它不对知识作任何本体论的简单"还原"，仅仅进行具体的、结构性的"显示"。这一特性使得真理不会独立于人类的心理意向而外在地存在。事实上，在"语境化"的意义上，真理已不再被视为哲学旨趣的终极主体，"真理"这一术语也不再是分析的结果，"真理的本质"已不再是类同于形而上学的"人的本质"或"上帝的本质"那样无意义的话题，它展现了具体的、结构的、语用的、有意义的人类认识趋向。因此，不是真理具有任何独立于语境的意义，而是只有在动态的语境中才能展示真理的存在。我们现实地关注的只能是"语境化"了的真理，那种绝对抽象的形而上学真理只能被"悬置"一旁。我们所应努力的便是在"语境"的既非还原论也非扩展论的意义上，现实地展示出真理发展的未来走向。①

"如果站在语境论的立场上，不再把真理理解为是科学研究的结果，不把单一的科学研究结果看成是纯客观的或是纯主观的，而是把真理理解为

---

① 郭贵春. 语境与后现代科学哲学的发展. 北京：科学出版社，2002：145.

是科学追求的目标,把其结果看成是主客观的统一,是语境化的概念,那么,就会使我们把已有的这些真理理论看成是从不同视角对真理的多元本性的揭示。"[1]数学理论和科学理论一样,其理论的发展变化、概念的语义与语用都在不断地演变之中,只有在动态的语境中才能展示数学真理和科学真理的存在。数学真理和科学真理的语境化,更能从不同视角揭示数学真理和科学真理的多元本性,从而达到对数学真理和科学真理的合理解释。因此,语境实在论的真理理论是为数学与科学提供一致真理解释的有效选择。

第二节 数学语境及其特征

一、数学语境的结构

数学语境不是一个单纯的、孤立的概念,而是一个具有复杂结构的系统。具体来看,数学语境由语形表征、语义解释及语用约定三个要素构成。语形表征研究数学符号之间的形式关联,语义解释研究数学符号的意义,语用表征则研究认识主体、数学符号及其意义三者之间的关系。语境是三者相互作用的统一有机整体,并通过它们有序的结构呈现出认识主体与数学对象之间的联系。

希尔伯特在《几何基础》中所建立的公理化体系,可谓为数学语言确立之典范。众所周知,《几何基础》的基本思想是首先对初始符号、概念的形成规则、公设以及推理规则做出预设,继而把这些要素结合起来形成一个形式化系统,通过在该系统中进行演绎推理,得出各个数学定理。洞悉其整个形成过程,不难发现,都是与语境相关的。第一,对初始符号的预设就是语境中的语用约定,它对数学对象进行抽象,将之表示为特定的数学符号。第二,概念的形成规则、公设以及公理也都是特定语境中语用约

---

① 成素梅, 郭贵春. 语境论的真理观. 哲学研究, 2007 (5): 75.

定的结果。不同数学符号遵照形成规则构成合式公式，相互独立的合式公式被约定为公设和公理，以这些公设和公理为前提，依据逻辑推理规则，得出不同的结论，即不同的定理。以这些定理与公理为前提可进一步推演出新的定理。公设、公理与不同定理之间的逻辑推演关系构成了一个纯形式化体系，由此数学语言经过符号化之后只涉及数学符号与符号之间的逻辑关联，这在本质上就是数学的语形表征。第三，对形式化数学公式意义的把握，同样是与语境相关的。认识主体依据不同语境的特定语用目的，为数学公式赋予不同的意义，从而在不同的语境中得到不同的语义解释。一方面，形式数学系统经解释形成各种不同的数学结构，得到不同分支的数学理论；另一方面，它与经验语境结合，被直接解释为各种科学定律。总之，"数学语言的确立→数学系统的形成→数学模型的解释"①，本质上也就是一个"语用约定→语形表征→语义解释"的数学语境结构模型。如图 4 所示②。

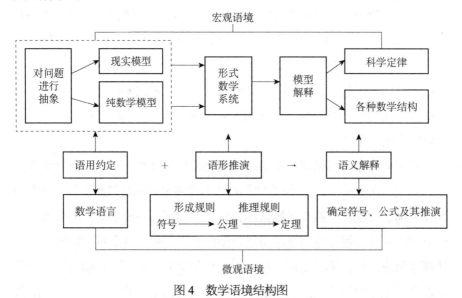

图 4 数学语境结构图

具体来看，首先，数学体系的语形表征与数学的形式推演过程都与语

---

① 郭贵春，康仕慧. 当代数学哲学的语境选择及其意义. 哲学研究，2006（3）：77.
② 郭贵春，康仕慧. 当代数学哲学的语境选择及其意义. 哲学研究，2006（3）：76.

境中的语用约定相关。数学的形式推演过程包括前提公设和推理规则，而对于所有的数学形式系统来说，它们都遵循同样的推理规则，即如果令 Γ 是数学形式系统 S 中的公式组成的一个集合，并且 A 是 S 中的一个公式，若 $\Gamma \vdash A$，则 A 是 Γ 的逻辑后承。因此，数学推演过程的语境相关性就体现在前提公设的语境相关性上。例如，命题"过线外一点有且只有一条直线与已知直线平行"在欧氏几何中被看成是第五公设，在欧氏几何的语境中该命题作为公理使用，而如果保持欧氏几何的其他公设不变，只把平行公设替换为它的否命题"过线外一点没有直线与已知直线平行"或"过线外一点有不只一条直线与已知直线平行"则分别可以过渡到罗巴切夫斯基几何和黎曼几何的语境。因此，不同的数学语境规定着不同的前提公设，以此为基础的整个数学推演过程都在语境之中。总之，在数学形式系统中，语用约定了数学符号和数学形式系统的推演过程，它们都是具有语境相关性的，数学语境刻画着数学系统的整体建构。

其次，数学命题的语义构成也是与语境的语形表征以及语用约定紧密相关的。可以说，语义的构成性（compositional）问题是语境结构的核心问题。这是因为，语义的构成性是表征语言能够系统化的最关键的特征，尤其是，"命题在句形上表现出的时间和空间序列性，或者语用上所表现的意义的具体性以及它们之间的关联，都必须通过语义的构成性来沟通，并使它们联结起来。"①在具体的数学语境中，语义的构成性取决于数学语境的语用约定以及认识主体对数学命题在语境中的形式可判定性的证实。第一，对数学的语义解释是认识主体基于不同语用目的由语用约定给出的。在不同语境中，基于不同的语用目的，相同特征的语形表征可以有完全不同的语义解释。比如，符号序列：$x_1, x_2, \cdots, a, f_1, f_2, =, (\ ), \rightarrow, \sim$。在群论形式系统中，个体常项 a 表示单位元，函数符号 f_1 表示逆、f_2 表示乘；而在算术形式系统中，个体常项 a 代表 0，函数符号 f_1 表示后继、f_2 表示和等。显然在这两个系统的个体常项和函数符号具有不同的语义解释。又如，

① 郭贵春. 论语境. 哲学研究，1997（4）：50-51.

公式 $P(x_1)(x_2)(A(x_1, x_2) \rightarrow A(x_2, x_1))$，在形式算术中，被约定为对任意自然数 x_1，x_2，如果 $x_1 = x_2$，则 $x_2 = x_1$，谓词 A 被约定为 "="。而在形式群论中，这个公式却被约定为对集合 A 中任意元素 x_1，x_2，若 $x_1 x_2 = e$，则 $x_2 x_1 = e$，谓词 A 被约定为 "x_1 和 x_2 互为可逆关系"。第二，要使数学得到恰当的语义解释，语用约定绝不是任意的，数学语境的语用约定必须与主体来源于背景语境的真信念一致。背景语境由认识主体的理论背景、社会文化背景、历史背景汇集而成，它们集中体现为认识主体在特定语境中的真信念。任何有悖于主体在背景语境真信念的任意约定都不会为数学知识的进步发挥任何有益的作用。比如，把"1=5"作为语用约定来考察"1+1=2"在弗雷克尔-皮亚诺算术公理系统中的语义解释，显然是不成功的。第三，语义的构成性在本质上是与恰当的语用约定的来源问题紧密相关的。具体地看，语用约定是认识主体的语用目的与主体来源于背景语境的真信念相融合、相统一的结果。比如，对以弗雷克尔-皮亚诺算术公理系统为背景语境的任一特定语境而言，考虑约定"3=3"，其中等号左边的"3"是一个实数，等号右边的"3"是一个自然数。由于"3=3"这一约定与背景语境的真信念是一致的，因而"3=3"在当前语境中可以看成是一个合法的语用约定。因此，语义解释的前提依赖于语境的存在，而数学形式体系和相应的解释理论之间的内在关联又是形成语境的必要条件，只有在语境各要素相互关联的整体中才能找到恰当的数学解释。

总之，语境是语形表征、语义解释和语用约定统一的基底，是语形表征、语义解释与语用约定的结合，这三者之间若没有相互关联同样也构不成"语境"。数学家们基于不同语用目的构建数学的形式系统，即语形表征，同时，形式系统中的推演蕴涵了语形表征的指称对象，即语义的变更。另一方面，语义解释的实现以语形的符号表征为载体，通过语用约定而得到具体实现。在特定的语境下，只有语用约定才能使语义解释的选择成为可能。没有语用约定的限定和约束，语义解释的多样性就无法得以呈现。总而言之，"没有语形语境就没有数学的表征，没有语义语境就没有数学的解释、说明和评价，而没有语用语境就没有数学的发明"。①因此，数学语境本质上就是语形表征、语义解释和语用约定的统一。

二、数学语境的特征

1. 数学语境的整体性

数学语境是语形表征、语义解释和语用约定相互作用的统一的有机整体。它作为一种特定的关联形式，包含了一切数学理论的、社会的和历史的背景要素。从语境的意义上讲，所有数学对象都可体现在一种整体性关联中。在特定语境中，研究对象、主体及其语境因素都是某种程度上的整体关联，而不再是单独存在的个体，从而消除了传统认识中的绝对主义。

在语境论看来，任何数字只有在一个数学语句中才有意义。数字意义的实现是与它所在的语境相关的。当然，这里的语境并不是指数字出现的数学语句本身，而是指一种非语言层面的语境。数字语境的实在性由语形、语义以及语用的整体交互作用呈现出来。也就是说，数字本身没有任何意义，数字只有出现在语句中才具有获得意义的可能，而真正决定其意义实现的是数学语境的语用约定。数字的语义解释由数学语境中特定的语用目的和语用域面及其出现的语句的语形表征所共同决定。只有在语境中，数字的含义才能具体化。而将语境作为意义的基础，并不意味着数学语境自身就是传统哲学意义上所谓的数学本体，而只是就意义的生成变化和理解过程而言具有本体论的性质或意义，表明的是语境对意义的最高约定。因此，任何数学理论的意义都是由它所在的数学语境确定的，认识主体和被认识对象都是同一语境中的要素，认识主体是语境化了的主体，被认识对象是语境化了的对象，被认识对象的存在性及其属性能够在语境所表现出的认识主体与被认识对象之间的整体关联中得到呈现。如果把数学理论理解成命题的集合，命题与概念的指称和意义是由语境化了的对象决定的，它们的集合构成了对对象的完备描述。从这个意义上说，语境论以数学语境的整体性呈现了数学的实在性本质。

① 郭贵春，康仕慧. 当代数学哲学的语境选择及其意义. 哲学研究，2006（3）：77.

比如，考虑将自然数的两种集合论化归策梅洛序数或冯·诺依曼序数。

反数学实在论者会对数学实在论提出质疑，即我们似乎没有关于任何先于自然数的概念能够回答 $2=\{\{\varnothing\}\}$ 还是 $2=\{\varnothing,\{\varnothing\}\}$。事实上，这种质疑是针对坚持基础主义的柏拉图式实在论者的，而语境论可以化解这类问题。首先，数学理论不再被认为是试图断言某些特定对象的真值，而是在语境中用它来定义高阶概念，其中对象的不同系统都可能以此为基础。比如，皮亚诺算术公理可被认为是定义一个"自然数序列"的概念。由于策梅洛序数和冯·诺依曼序数都满足皮亚诺公理，那么它们都是自然数序列的范例。对于自然数 $2=\{\{\varnothing\}\}$ 还是 $2=\{\varnothing,\{\varnothing\}\}$ 的问题，在不同的语境有不同的回答。在语境论者看来，关于 2 是否指涉及任何独一无二的对象的预设，本身是没有意义的。"自然数 2"只是依赖于在不同语境中认识主体所使用的是哪一种皮亚诺公理的范例，许多不同的对象都可以扮演数字 2 的角色，因而数字 2 无须被特殊对待。我们必须在语境中考察认识主体与发挥 2 的作用的对象之间的整体关联性，这样才能澄清 2 的真正含义。

2. 数学语境的确定边界性

语境作为理解科学活动的一个平台，是有边界的。语境的边界是由问题域决定的，或者说语境边界的大小由研究对象的边界大小来决定；语境的边界决定了语言的延伸度。具体而言，如果研究对象是一句话，那么，语境的边界就是这个语句；如果研究对象是一个特殊的问题，那么，语境边界就是这个问题域；如果研究对象是一段特定的历史，那么，语境的边界就是这段历史进程。因此，语境的边界和语境的结构与内容现实地联系在一起。

数学语境边界的确定，首先，就在于语形边界的确定。特定的数学解释语境，绝不可能超越给定语言的语形边界，尤其是像数学这样形式化的研究对象，它的语境必然存在着相关的逻辑语法或形式算法语形边界的限制。在数学中，任何一个难题都是给定边界条件下的难题。而给定了边界条件，就是给定了求解相关难题的语境。因此，给定条件下的解，就意味着给定语境下的意义。求一个给定条件的解，就是探索给定语境下的意义，这完全是同一的。离开了特定的语境及其语形边界的约束，数学的演算功能就失去了意义。其次，在确定了语形边界的前提下，相关语境的内在的系统价值趋势也就必然地规定了特定表征的语义边界。因为，只要超越了这一已规定的语义边界，也就超越了该相关语境本身，就会导致语境的更迭。所以语义边界就是语境边界的意义规定，就是语境的语义洞察与价值洞察的统一。正是语义的构成性原则，规定了在特定语境下语义解释的张力范围，确立了语义解释的伸缩度，实现了特定理论表征的语词和命题与相关指称对象和指称世界之间的内在关联。最后，数学的语用也是有边界的。数学对象的意义及其表征系统正是在语用的结构关联中被确定的。在这个意义上，语境并不是不证自明的，它需要解释；而解释也不是任意的，它需要语境的约束。这就是语境的语用边界所发挥的功能。在这个基点上讲，语用边界就是语境边界的使用范围，是语用洞察和背景洞察的统一。正如郭贵春教授所说，"语境的语形、语义和语用边界是一致的，语用给定了语形和语义的边界和趋向，而语形和语义则表征和显现了语用的价值和确定边界的目的要求"。①一个数学命题与其理论的现实的语用方式及其求解难题的使用过程，就是一个具有自主性的语境的实现和完成过程，它确立了"语境的自主性原则"（Context Independence Principle），从而也就决定了相关语境的语用边界。同时，在这个确定的语用范围内相关语境的价值取向的实现，就是该语境的系统目标及其形式体系的实现，它从语形、语义和语用的结合上体现了"语境的一致性原则"（Context Unanimity Principle）。而无论是"语境的自主性原则"还是"语境的一致性原则"，都是以特定语境的语用边界确定性为前提的。②

　　我们不妨以具体的数学语境为例，进一步说明数学语境的边界性。考虑时标上的动力方程

---

① 郭贵春. 语境的边界及其意义. 哲学研究，2009（2）：98.
② 同①。

$$y^{\Delta}(t) = f(t, \ y(t)), \quad t \in T$$

其中时标 T 是实数集 $\mathbb{R}$ 的非空闭子集，$f : T \times \mathbb{R} \to \mathbb{R}$，且 f 是一个连续函数，$y^{\Delta}(t)$ 为 f 在 t 处的 Δ 导数。函数 Δ 导数的定义为：给定函数 $f : T \times \mathbb{R} \to \mathbb{R}$，$t \in T^k$。如果存在 $\alpha \in \mathbb{R}$，对每个 $\varepsilon > 0$，存在 t 的邻域 U，当 $s \in U$ 时，有

$$\left| f(\sigma(t)) - f(s) - \alpha(\sigma(t) - s) \right| \leqslant \varepsilon \left| \sigma(t) - s \right|$$

则称函数 f 在 t 点 Δ 可导，并称 α 为 f 在点 t 的 Δ 导数，记为 $f^{\Delta}(t)$。

若 $T = \mathbb{R}$ 时，则上述动力方程即为微分方程

$$y'(t) = f(t, \ y(t)) ,$$

若 $T = \mathbb{Z}$ 时，则上述动力方程即为差分方程

$$y(t+1) - y(t) = f(t, \ y(t))$$

若 $T = [0,1] \cup \mathbb{N}$ 时，上述动力方程为时标下的动力方程

$$y^{\Delta}(t) = f(t, \ y(t))$$

在数学语境中，当认识主体出于不同的语用目的对 T 赋予不同的意义时，就为语境划定了不同的边界。当 T 为实数域时，上述导函数的形式为一个微分方程，它刻画连续情况；而当 T 为整数域时，上述导函数的形式为一个差分方程，它刻画离散情况；当 T 为一个既包含离散集又包含连续集在内的集合时，上述动力方程刻画了连续与离散统一的情况。事实上，正是这种语用边界的不断变化和更迭，导致了数学解释的"再语境化"（recontextualization）过程，形成了数学语境的相对确定性与普遍连续性的统一。

3. 数学语境的不断再语境化

数学语境是动态的，而不是静止的。而且，语境在深度和广度上的变化越大，新语境的意义就越深厚，它的丰富的多样性就越具有时代性。一个新语境可以是一个新的目标集合、一个新的理论，甚至一种新的方法……总之，"这种可能性是无限的"。[①]可以说，语境的运动、变化与发展的过程，

---

① Rorty R. Objectivity, Relativism and Truth. Cambridge: Cambridge University Press, 1991: 94.

就是一种"再语境化"的过程。

　　数学语境是不断再语境化的，不断更迭的。库恩的范式理论强调科学革命，科学的进步在范式的转变中发生，范式之间不可通约。这样，科学理论以及科学进步的合理性在本质上依赖于科学家共同体的约定。在库恩范式研究纲领的引导下，科学哲学被推向了非理性主义，从而取消了科学理论与实在之间的关联。与库恩的范式相比，数学语境是连续的，数学语境之间有着本质的关联，它们都是对实在对象的认识、理解与把握。在这个意义上，数学理论的发展既有累积和连续的因素，也有革命的成分。

　　下面不妨以数学分析中关于函数可积性条件的认识为例，进一步具体说明我们对数学的认识如何随着语用目的的改变而处于一种不断语境化的过程之中。黎曼在研究三角级数时，具体讨论了函数的可积性问题，并给出了积分的定义：设函数 $f(x)$ 在 $[a, b]$ 上有界，在 $[a, b]$ 中任意插入若干个分点

$$a = x_0 < x_1 < x_2 < \cdots < x_{n-1} < x_n = b$$

把区间 $[a, b]$ 分成 n 个小区间

$$[x_0, x_1], \ [x_1, x_2], \ \cdots, \ [x_{n-1}, x_n]$$

各个小区间的长度依次为

$$\Delta x_1 = x_1 - x_0, \ \Delta x_2 = x_2 - x_1, \ \cdots, \ \Delta x_n = x_n - x_{n-1}$$

在每个小区间 $[x_{i-1}, x_i]$ 上任取一点 $\xi_i(x_{i-1} \leqslant \xi_i \leqslant x_i)$，作函数值 $f(\xi_i)$ 与小区间长度 Δx_i 的乘积 $f(\xi_i)\Delta x_i (i = 1, 2, \cdots, n)$，并做出和

$$S = \sum_{i=1}^{n} f(\xi_i)\Delta x_i$$

记 $\lambda = \max\{\Delta x_1, \Delta x_2, \cdots, \Delta x_n\}$，如果不论对 $[a, b]$ 怎样分，也不论在小区间 $[x_{i-1}, x_i]$ 上的点 ξ_i 怎样去取，只要当 $\lambda \to 0$ 时，和 S 总趋于确定的极限 I，这时我们称这个极限 I 为函数 $f(x)$ 在区间 $[a, b]$ 上的定积分，记作 $\int_a^b f(x)\mathrm{d}x$，即

$$\int_a^b f(x)\mathrm{d}x = I = \lim_{\lambda \to 0} \sum_{i=1}^{n} f(\xi_i)\Delta x_i$$

从上述定义中我们不难发现，黎曼积分的理论所要求的条件迫使函数的不连续点可用长度总和为任意小的区间所包围，这就是说，可积函数必须是差不多连续的。它只适用于函数至多有有限个不连续点的情形。于是，对于具有无穷多个不连续点的函数的积分存在性问题出现了。这需要数学家建立一个新的语境，在该语境中函数的可积性条件不仅要满足连续函数，而且应该适用于具有无穷多个不连续点的函数。随着人们对数学分析各种课题的不断深入探讨，积分理论的研究工作也进一步展开。特别是若尔当（P. Jordan）和博雷尔（F. Borel）等关于点集测度理论的研究成果，揭示出了测度与积分的联系。而现代应用最广泛的测度与积分系统是勒贝格完成的。勒贝格积分理论不仅蕴涵了黎曼积分所取得的成果，而且还在较大程度上克服了其局限性。对于定义在 $[a, b]$ 上的正值函数，为使 $f(x)$ 在 $[a, b]$ 上可积，按照黎曼积分思想，必须使得在划分 $[a, b]$ 后，$f(x)$ 在多数小区间 Δx_i 上的振幅能足够小，这迫使具有较多振动的函数被排除在可积函数类外。对此，勒贝格提出，不从分割区间入手，而是从分割函数值域着手，即 $\forall \delta > 0$，作

$$m = y_0 < y_1 < \cdots < y_{i-1} < y_i < \cdots < y_n = M,$$

其中 $y_{i-1} - y_i < \delta$，$i = 1, 2, \cdots, n$，m，M 是 $f(x)$ 在 $[a, b]$ 上的下界与上界。并作点集

$$E_i = \{x : y_{i-1} \leqslant f(x) \leqslant y_i\}, \quad i = 1, 2, \cdots, n$$

这样，在 E_i 上，$f(x)$ 的振幅就不会大于 δ。再计算

$$|I_i| = y_{i-1} \times |E_i|$$

并作和

$$S = \sum_{i=1}^{n} y_{i-1} |I_i|$$

它是 $f(x)$ 在 $[a, b]$ 上积分的近似值。当 $\delta \to 0$ 时，若 S 的极限存在，不妨设为 I，则称 $f(x)$ 在 $[a, b]$ 上是勒贝格可积的，且称 I 为 $f(x)$ 在 $[a, b]$ 上的勒贝格积分：

$$\int_{[a,b]} f(x)\mathrm{d}x = I = \lim_{\delta \to 0} \sum_{i=1}^{n} y_{i-1} |I_i|$$

当然，要使勒贝格的积分思想得以实现，必须要求分割得出的点集，即 $E_i(i=1,2,\cdots,n)$ 是可测集。显然 $f(x)$ 是否勒贝格可积取决于函数 $y=f(x)$ 的性质。事实上，要求对任意 $t \in \mathbb{R}^1$，点集

$$E = \{x : f(x) > t\}$$

均为可测集，即 $f(x)$ 为可测函数时，$f(x)$ 是勒贝格可积的。这就是说，积分的对象必须属于可测函数范围。于是在关于函数可积性条件的新语境中，可积函数的条件不仅局限于"基本上"连续函数，而且适用于那些具有无穷多个不连续点的可测函数。我们知道，连续函数一定是可测的，可测函数一定是勒贝格可积的，因此，对于黎曼可积的函数来说，它一定也是勒贝格可积的。黎曼积分是勒贝格积分的一种特殊情况。由此不难看出，正是基于不同的语用目的，数学家对函数可积性条件的探讨始终处于不断的认识过程，而这种认识过程本身依赖于不同语境之间的动态更迭。语境之间的关联显然是不能割裂的。在对数学的认识继续向前推进过程中遇到新的问题时，数学家们在新的语境中便会根据不同的语用目的做出新的初始预设，使数学的域面不断得到扩大，使新的问题在新的语境中找到答案。

总之，在语境的认识活动中，"超语境"与"前语境"的东西没有直接的认识论意义，任何东西都只有在"再语境化"的过程中融入新的语境之中，才具有生动的和现实的意义。

三、数学语境论进路的意义

在语境论的视角下，研究数学就是研究数学语境。数学语境的本质特征能够反映数学知识产生和发展的整个过程，从而揭示出数学的本质。语境的基本结构表明了对对象的语形抽象、语义解释及语用施行都是具有语境相关性的。数学的语形表征是由数学家们基于语境中的语用目的而构建的；形式系统中公式之间的不断推演隐含了语形所指的变化，即语义的变化；语义解释的实现依赖于语形符号的表征以及语用目的和语用域面的规

定，语义解释的选择只有在语用的指引和限定下才能成为可能。因而，语境论为数学所提供的语义解释是一种语境化的语义解释。

语境化的语义解释具有相对的确定性，这种相对的确定性是由数学语境的确定边界性以及数学语境的不断再语境化过程所共同决定的。数学语境的确定边界性表明了语义解释是有边界的，即在特定的数学语境中，语义解释是具有确定性的。而随着语用目的的改变和语用域面的不断扩大，语境边界会随之不断变化。语境边界的不断变化和更迭，导致了语义边界的改变。在语境的再语境化过程中，语义解释也处于一种动态变化之中，从而具有一定的相对性。但是，语境化的语义解释不同于任意形式的意义约定，其相对的确定性是以数学语境的再语境化过程的普遍连续性为前提的。数学语境的不断再语境化过程表明数学语境是连续的，数学语境之间有着本质的关联，它们都是对实在对象的认识、理解与把握。数学语境的整体性特征表明，数学对象在特定语境中是一种语境化了的对象，它与认识主体作为语境要素都处于一种整体性关联之中，这种整体关联性就决定了对象是语境化了的对象，语境是对象化了的语境。因此，语境论把认识主体与认识对象作为构成语境的要素统一在同一语境中，不再把数学知识理解为绝对的、终极的真理，而把它看成是语境化的概念，为我们认识数学知识提供了合理的语境论解释。这一根本性的转变，无疑对认识论以及方法论层面都具有重要的意义，更符合数学实践本身。

首先，语境论进路能够为数学提供更合理的认识论解释。语境论的本质是一种关系实在论，它用普遍的关系实在论取代了柏拉图式的实体实在论。语境论用语境化的认识论取代了经验主义的认识论，主张用语境化真理理论取代真理符合论。它强调认识主体与认识对象之间关系的语境相关性，语境化真理论与语境论相契合，无疑可以为我们认识数学真理提供合理的说明，且这种说明同样适用于对科学真理的认识。语境化的认识论解释构建了一种动态的交流理性标准。它通过语境的功能来形成和强化概念和理论的意义，在语言的语境化当中，在主体间性的基础上，对理论进行新的意义重建。应当说，语境化的认识论解释可以使认识疆域获得有目的的扩张，脱离给定边界的狭义束缚，获得以问题为中心的重新组合，趋向于从一个视点上来透视整个哲学的所有基本问题。可以说，在阐释数学和科学知识的产生、理解和评价过程上，语境论无不展示出其在认识论解释上所特有的优越性。

其次，语境论提供的语境化真理观能使我们更好地解释数学和科学真理的本质，更好地说明人类对数学和科学认识的动态发展过程。语境论的真理观把真理理解为认识的理想化目标，而不是个别研究的单一结果，突出了真理的语境性。数学真理和科学真理的本质既不是经验事实的真理，也不是纯粹逻辑的真理，而是一种语境化的真理，即真理是语境化的概念。这种真理观不仅可以为数学和科学研究提供可靠的信念支持，同时可以合理地说明数学和科学知识动态的发展、变化、累积与革新的过程。在数学和科学实践中，语境的不断变迁与运动通常向着纵横两个方向同时发展。语境的横向运动是通过学科间的交叉与融合体现出来的，是对已有认识的扩展与检验；语境的纵向运动表现为学科自身的演进。语境论的真理观可以更合理地说明相互竞争理论如何能够并存，能够为不同的数学分支和不同的科学竞争理论提供生长的空间。比如，欧氏几何与罗巴切夫斯基几何以及黎曼几何的同时成立，只有在语境论的视角下才能得到最佳诠释。真理不再具有任何独立于语境的意义，只有在动态的语境中才能展示真理的存在。我们现实关注的只能是语境化了的真理，它展现了具体的、结构的、语用的、有意义的人类认识的趋向。事实上，语境化真理观所要倡导的便是在语境的既非还原论也非扩展论的意义上，现实地展示出真理发展的未来走向，而非任何绝对抽象的形而上学真理，这无疑是对传统真理符合论的超越。

第三节 语境实在论对数学真理困境的求解

贝纳塞拉夫指出，关于数学真理本性的恰当解释应该满足两个条件：

①一种齐一性的语义学理论，在这种理论中，关于数学命题的语义学与关于语言中其余部分的语义学并行不悖；②数学真理的解释与一种合理的认识论紧密地吻合。之所以会出现真理困境，那是因为这两个条件不能同时满足。基于语境实在论的基本特征，我们认为语境实在论可以提供同时满足上述两个条件的真理解释理论，从而成为求解数学真理困境的有效出路。

首先，在语境实在论看来，无论是数学对象，还是科学对象都具有相同的本体论性，其实在性的本质都是一致的，即都是语境化的实在。对象的实在性是在具体的语境中得以呈现的。这表明在语境实在论这一统一的阐释基底上，数学与科学作为知识的组成部分，具有同等的认识论地位，二者之间的关系是紧密相连、不可分割的。其次，语境实在论的结构性特征决定了对对象的语形抽象、语义解释以及语用施行都是具有语境相关性的。语境实在论把认识主体与认识对象作为构成语境的要素统一在同一语境中，这无疑为我们认识数学真理和科学真理提供了合理的说明，即一种语境化的认识论说明。最后，语境实在论对语境的本体论化构成了判定意义的"最高法庭"。因为只有在这个"法庭"之内，一切语形、语义和语用的法则才可以合理地生效。在一个确定的语境内，人们通过特有的约定形式对可能的意义及其分布进行不同意向的说明和重构，甚至导致不同范式的论争。但语境实在论的本体论性本质决定了不可能通过任何形式的约定去生发或无中生有地构造意义。语境的本体论性决定了它的约定性，它的约定性是以本体论性为前提的，语境的约定性只是展示了意义的各种可能的现实性，而不是它的本质的存在性。在语境中，关于意义的确定问题是一个在特定语境下各要素之间的协调和一致性的问题。这意味着，语境实在论所提供的语义解释是一种语境化的语义学解释。

具体来看，一个恰当的真理理论必然涉及以下两个方面的问题：①命题成真的条件是什么？②人们接受这些真值条件所依赖的可靠性是什么？对问题①的回答，可以说明真理的语义解释；对问题②的回答，可以为真理提供合理的认识论依据。语境实在论正是通过对上述问题的解答为数学真理和科学真理提供一致的解释。

一、语境化的语义学

语境化的语义学的根本要义就是把意义的构成看成是与语境相关的概念，把命题意义的确定问题看成是一个在特定语境下各要素之间的协调和一致性的问题。这就是说，一个理论的成真条件不是它对应于对象的客观存在，也不是把它归之于形式体系自身的逻辑结论所决定的真值条件分布，而是意义在语境中的实现和规定。

在数学中，要说明一个数学理论是否为真，就是要在它所在的特定语境中考察其意义与语境的一致性。如第二节所述，数学语境是由语形、语义及语用三个要素构成的。要说明一个数学理论的真，首先就是把它置于特定语境的语用约定之下进行判定。一个给定的数学语境，就是给定一个数学系统。该数学系统包括初始符号、初始公理以及推理规则，这些都是数学语境中语用约定的结果。语境中的语用约定不是任意的语言约定，它首先必须与背景语境中语形、语义、语用之间协调的结果相一致，即与背景语境中的共同体的真信念相一致。只有在这种前提下，认识主体才能为数学理论赋予语义解释。比如，对于戴德金-皮亚诺公理系统中的集合 A，我们考察下述关于算术的约定：

$$\langle \{ \text{"}N\text{"}, \text{"}0\text{"}, \text{"后继"}, \text{"}+\text{"}, \text{"}\times\text{"} \}, A \rangle$$

把 A 从 "N" "0" "后继" "$+$" "$\times$" 除去，即存在无穷多个对象，从关于标准数学公理的背景语境的一致性中能够得出这个结论。在特定的语境中，我们有理由认为这种关于算术的约定能够产生意义构成的语用施行。这是因为，在标准数学公理的语境中数学家们已经成功地建立了一种包括纯数学在内的约定，即相关的公理系统。这种关于算术的语用约定在做出语义解释的时候就是成功的，它既能够使标准算术词汇有意义，同时又满足戴德金-皮亚诺公理的一致性。依照相同的做法，它同样适用于其他的数学分支。不妨以集合论为例，如果 ST 是 ZF 集合论中的一个公理，那么集合论约定 $\langle \{ \text{"集合"}, \text{"}\in\text{"} \}, ST \rangle$ 也是成功的语用约定。因为从标准数学公理背景语境的一致性中能够得出这个结论，我们有理由相信集合论的约定在特定的语境中是由意义构成的语用施行。但从这一约定中不难看出，我们会面临一个潜在的问题，即理论的一致性要求它在集合论域中有一个模型。关于皮亚诺公理一致性的断言隐含地承认某一特定数学对象的存在：即存在关于这些公理的一个集合论模型。在我们断言皮亚诺公理一致时，不能否认是对标准数学公理一致性和某种数学对象的存在性所做出了某种承认，然而必须明确的是，这种数学对象的存在性显然是以整个数学语境的动态结构为基础的。数学语境是连续的，数学语境之间有着本质的关联，它们都是对实在对象的认识、理解与把握。

值得注意的是，数学语境中的语用约定不完全来自于前语境共同体的真信念，它还包含依据当下语境中认识主体特有的目的和价值取向所给出的假设。不妨以欧氏几何与非欧几何为例来说明这一点。在一个语境中，可以把欧氏几何除平行公设之外的所有前提公设作为语用约定，形成一个几何系统。在这个几何系统中，主要结论有对顶角相等、三角形全等的判定、外角定理以及三角形中边、角的不等关系等。在新的语境中，如果在上述几何系统中加入欧氏平行公设"过线外一点有且仅有一条直线与已知直线平行"的约定，我们就得到欧氏几何的数学语境。而如果保留欧氏几何的其他前提公设，但只把欧氏平行公设替换为"过已知直线外一点至少存在两条直线与已知直线平行"，我们就会得到一个新的语用约定，从而得到罗氏几何的数学语境。

在语境的语用约定下，考察一个数学理论是否为真，首先需要判定它是否与数学语境具有一致性。而数学理论在语境中的可判定性则是它在语境中为真的必要条件。那么，在数学语境中，语用约定能否为数学理论提供可判定性的条件呢？在任何给定的语境中，我们只能做出可列举的递归式约定，比如约定 $\langle E, S \rangle$，其中 E 和 S 都是递归集合。值得注意的是，如果只采用一阶语言，我们将不能确保纯算术语言中的所有语句都是可判定的。根据哥德尔不完全性定理可知，如果形式算术系统是无矛盾的，则存在着这样一个命题，该命题及其否定在该系统中都不能证明，即它是不完备的。这意味着，对于满足皮亚诺公理的任意自然数系统，公理的一阶形式化系统本身将不能判定该系统中的每一个语句的真假，而需要借助二阶的语义结论来进行判定。比如，在二阶语言形式化的算术系统中，我们可以得到下述语义完备的结果：二阶戴德金-皮亚诺公理在语义上隐含了每一个二阶算术语言中的真语句。由此可知，在二阶语义结论能够保证语句的可判定性这一假定下，关于算术的语用约定就能够为纯二阶算术语言中的语句做出判定。依此类推，我们可以通过依赖于二阶语义结论的语用约定对其他各数学分支的命题做出判定。

然而，对于集合论来说，二阶 ZFC 在语义上不能保证是完备的，即存在纯二阶集合论语言的一个真语句，该语句及其否定都不能从二阶集合论公理中语义地推出。我们只能得出部分结论，即如果在二阶 ZFC 公理系统中加入一个表明"有多少个集合"的语句，那么该系统才能获得语义上的完备性保证。通过对集合论语言的研究，麦基（V. McGee）[1]已经发现了二阶集合论的公理化特征，即任意两个模型的纯集合同构，当且仅当相关模型的定义域包含其中所有元素。只要承认量词的取值范围是集合的全体，就能为纯集合语言提供一种可判定的条件。显然，这种关于二阶语义结论的假设本质上依赖于对二阶逻辑的预设，即需要对谓词进行量化。而在关于二阶量词"$\forall F$"和"$\exists F$"的表达中，变量 F 的满足范围是在一阶量词范围内的对象集合。这意味着，对二阶量词的理解以及使用，必须承认一阶量词所涉及的那些对象集合的存在性。对于以代数式进路为代表的反实在论者来说，由于他们把数学的真归结为形式系统的一致性，为了回避哥德尔不完全性定理的质疑，他们就必须使用二阶逻辑，要使用二阶逻辑就必须承认一阶对象集合的存在性，这与其反实在论立场恰恰是相悖的。而语境实在论从本质上承认数学对象的存在性，只是强调这种存在性是语境性的存在，即数学对象的实在性体现在它与所在数学语境的语形、语义以

---

① McGee V. How we learn mathematical language. The Philosophical Review, 1997, 106 (1): 35-68.

及语用之间的整体关联性上。因而，以语境实在论为理论基点，我们可以合理解释二阶逻辑对一阶对象集合存在的预设问题。只要采用二阶语言，我们就能更好地说明如何扩充数学理论。例如，数学家在论述自然数时必须不断地用递归定义引进新的运算。即当某位数学家决定引进一个新的运算 f 时，他先增加一个新的运算符，然后给出新运算的递归定义，最后证明新运算存在且唯一。新运算 f 同样作用于自然数上，不涉及新运算 f 的定理即使不能从原有的公理推出也仍被认为是对自然数成立的。

在这个意义上，数学语境中的任意数学理论都是可判定的，因为数学理论的可判定性是具有语境相关性的。一旦脱离了语境，我们就不可能为数学理论赋予完备的语义值，也就不能判定它是否为真。

如果一个数学理论在数学语境中能够得到判定，并能够从语用约定的前提中依据同样由语用约定给出的推演规则推导出来，那么它就与该语境一致，语境中的主体就可以依据这种一致性为它赋予相应的语义解释，这个数学理论在该语境中的意义就能得到实现，其意义是一种语境化的语义学解释。下面不妨以数学中的一个具体例子来说明数学命题的语义学解释是如何与语境相关的。设

$$\overline{C}[0,1] = \left\{ f:[0,1] \to \mathbb{R} \mid \begin{matrix} f \text{在} [0,1] \text{上有界，在} (0,1) \text{上左连续、} \\ \text{右极限存在，且在0点右连续} \end{matrix} \right\}$$

考虑空间

$$\overline{C}[0,1] \times \overline{C}[0,1] = \left\{ (f_1, f_2) : f_1, f_2 \in \overline{C}[0,1] \right\}$$

对 $\forall f = (f_1, f_2),\ g = (g_1, g_2) \in \overline{C}[0,1] \times \overline{C}[0,1],\ k \in \mathbb{R}$，定义其上的范数及运算为

$$\|f\| = \max \left\{ \sup_{x \in [0,1]} f_1(x),\ \sup_{x \in [0,1]} f_2(x) \right\}$$

$$f + g = (f_1 + g_1,\ f_2 + g_2)$$

$$k \cdot f = (kf_1, kf_2)$$

上述定义便是 $\overline{C}[0,1] \times \overline{C}[0,1]$ 这一语境中的语用约定，在上述关于范数和运算的语用约定下，$\overline{C}[0,1] \times \overline{C}[0,1]$ 为完备的赋范线性空间，即 Banach 空间。

故其满足线性空间的条件，如

$$f + g = g + f$$
$$(a + b) \times f = a \times f + b \times f$$
$$\lambda \times (f + g) = \lambda \times f + \lambda \times g$$
$$\lambda \times (h \times f) = (\lambda h) \times f$$

其中 $\forall f, g \in \overline{C}[0,1] \times \overline{C}[0,1]$，　$a, b, \lambda, h \in \mathbb{R}$。

随着数学和科学研究的不断深入，人们需要研究的关系越来越复杂，对系统的判别和推理的精确度要求也越高。尤其是实际研究的对象很多是模糊的、不精确定义的类型，比如，对于"所有远远大于 1 的实数的集合"来说，28 是这类集合的一员吗？这类集合的成员没有精确定义的判别准则，其研究对象本身的含义是不确定的。为了揭示这种亦此亦彼的模糊性，就需要在新的数学语境下研究模糊现象的定量处理方法——模糊数学便出现了。于是，在函数空间 $\overline{C}[0,1] \times \overline{C}[0,1]$ 这一数学语境基础上，基于揭示模糊现象的特有语用目的，就需要对研究对象的空间做出一些新的语用约定，从而我们会得到一个新的数学语境——模糊数空间 E^1：

$$E^1 = \{u : \mathbb{R} \to [0,1] 满足下述条件(1)-(4)\}$$

（1）u 是正规的，即存在 $x_0 \in \mathbb{R}$，使得 $u(x_0) = 1$；

（2）u 是模糊凸的，即对 $\forall x, y \in \mathbb{R}$ 和 $0 \leqslant \lambda \leqslant 1$，有 $u(\lambda x + (1 - \lambda)y) \geqslant \min\{u(x), u(y)\}$；

（3）u 是上半连续的；

（4）$[u]^0$ 是紧的。

对 $\forall u,\ v \in E^1$，$k \in \mathbb{R}$，定义其上的运算为

$$u + v : \mathbb{R} \to [0,1]$$

$$x \to (u + v)(x) = \sup_{y \in \mathbb{R}} \{u(y) \wedge v(x - y)\}, 其中 \wedge 表示取最小运算；$$

$$k \times u : \mathbb{R} \to [0,1]$$

$$x \to (k \times u)(x) = \begin{cases} u\left(\dfrac{x}{\lambda}\right), & \lambda \neq 0 \\ X_{\{0\}}, & \lambda = 0 \end{cases}$$

这些都是 E^1 这一数学语境中的语用约定。在这些语用约定下，可知其运算保持下述性质，

$$u + v = v + u$$
$$(a + b) \times u = a \times u + b \times u$$
$$\lambda \times (u + v) = \lambda \times u + \lambda \times v$$
$$\lambda \times (h \times u) = (\lambda h) \times u$$

其中 $\forall u,\ v \in E^1,\ a,\ b,\ \lambda,\ h \in \mathbb{R}$。

尽管上述两个语境在不同的语用目的和系统价值取向下，具有不同的语用约定，但二者之间是具有关联的。比如，考虑下述模糊微分方程

$$x'(t) = f(t, x(t)) \tag{1}$$

其中 $f \in C(\mathbb{R} \times E^1, E^1)$，由于根据语境 E^1 中关于运算的语用约定可知其上并不是所有元素的逆都存在，即 E^1 不是一个 Banach 空间，故而有关 Banach 空间的结论在 E^1 上均不可用。比如，在讨论方程（1）的解的存在性时，基于压缩映像原理的解的存在性定理均成立，但由于 Schauder 不动点定理是建立在 Banach 空间上的，故研究（1）的解的存在性问题就不能利用 Schauder 不动点定理。可见，由于 E^1 不是 Banach 空间，为其上诸如解的存在性等问题的研究带来了很大的局限性。这就需要建立 E^1 与某个 Banach 空间之间的联系，从而可以借助该空间研究 E^1 上的模糊微分方程解的存在性问题。1996 年 Wu 等得到了下述定理[①]。

定义 $j : E^1 \to \overline{C}[0,1] \times \overline{C}[0,1]$ 为 $j(u) = (u_-, u_+)$，其中 $u \in E^1$，且 $u_-,\ u_+ : [0,1] \to \mathbb{R}$，$u_-(\alpha) = u_-^\alpha$，$u_+(\alpha) = u_+^\alpha$，$u_-^\alpha$，$u_+^\alpha$ 分别为 u 为 α 水平集的左、右端点，则 $j(E^1)$ 是 $\overline{C}[0,1] \times \overline{C}[0,1]$ 中的闭锥，且 j 满足

（1）$j(s \times u + t \times v) = sj(u) + tj(v)$;

（2）$D(u,v) = \|j(u) - j(v)\|$.

从上述定理可知，E^1 等距同构于 $\overline{C}[0,1] \times \overline{C}[0,1]$ 的一个子集，从而

① Wu C, Song S, Stanley Lee E. Approximate solutions, existence and uniqueness of the cauchy problem of fuzzy differential equations. Journal of Mathematical Analysis and Applications, 1996, 202 (2): 629-644.

$E^1 \subset \overline{C}[0,1] \times \overline{C}[0,1]$ 。同构性使得 E^1 上的加法、数乘运算保持了 $\overline{C}[0,1] \times \overline{C}[0,1]$ 上的加法与数乘运算。由此我们不难看出,在数学语境 $\overline{C}[0,1] \times \overline{C}[0,1]$ 和数学语境 E^1 下,运算都保持着加法的交换律、分配律和结合律等,它们是 E^1 和 $\overline{C}[0,1] \times \overline{C}[0,1]$ 这两个语境所共有的属性,充分表明了两个数学语境之间的连续性。这是由 E^1 中的语用约定与其背景语境 $\overline{C}[0,1] \times \overline{C}[0,1]$ 中真信念的一致性所保证的。

但在不同的语境中,基于不同的语用约定,命题的语义是随之变化的,即命题的真值是随着语境的更迭而随之变化的。比如,考察命题 "$\forall x, y$, $x - y$存在"①的真值,它是随着语境的变化而变化的。在数学语境 $\overline{C}[0,1] \times \overline{C}[0,1]$ 中, 由于 $\overline{C}[0,1] \times \overline{C}[0,1]$ 是一个线性赋范空间,因而 $\forall x, y \in \overline{C}[0,1] \times \overline{C}[0,1]$,由于

$$x + (-y) + y = x + 0 = x$$

故

$$x - y = x + (-y)存在$$

可见命题"对于$\forall x, y$, $x - y$存在"在 $\overline{C}[0,1] \times \overline{C}[0,1]$ 这一数学语境中是可判定的,且它与该数学语境具有一致性,因而在这一语境中为真。而在数学语境 E^1 中,由该语境中上述语用约定得到的运算性质可知,E^1 不是一个线性空间,因为

$$\forall u \in E^1 / \{X_{\{a\}} \mid a \in \mathbb{R}\}, \ 均不存在v \in E^1, 使得u + v = X_{\{0\}}$$

其中

$$X_{\{a\}}(x) = \begin{cases} 1, & a = 0 \\ 0, & a \neq 0 \end{cases}$$

这意味着 E^1 中并不是所有元素都存在逆元,从而命题"对于 $\forall x, y$, $x - y$存在"在数学语境 E^1 中就与语境不一致,因而它在这一语境中真值就为假。从这一例证中,可以看出,数学命题的真值是随语境的变化而变化的,数学真理的语义解释是与语境相关的,是语境化的语义解释。

---

① 存在 z,使得 x=y+z,则 x-y=z。

对于科学真理的语义解释亦是如此。我们不妨以量子引力理论为例来具体说明：在研究量子引力理论的语境中，其语用约定首先与背景语境中人们对真的信念一致。即在量子引力提出的背景语境中，广义相对论和量子力学在宏观世界和微观世界分别获得了成功，人们把它们作为真信念接受。尽管广义相对论和量子力学可以很好地说明宏观和微观世界，但在对它们进行统一的时候却出现了无法克服的困难。这一困难就成为反常时期语境变换的重要条件。出于认识主体在语境中特有的目的和价值取向，如统一物理学的需要和对引力量子化的实现，人们对此给出了新的语用约定。在这个语用约定下，量子引力理论逐渐发展起来。在量子引力理论中主要有两种理论：超弦理论和圈量子引力理论。它们能够把广义相对论作为其极限理论，超弦理论可以推出引力子，圈量子引力则是直接对广义相对论进行正则量子化的结果。因此，在量子引力理论这个新语境和广义相对论语境与量子力学理论语境之间存在着很好的连续性，这是由新语境的语用约定与前语境的真信念的一致性所保证的。但量子引力的时空离散性、引力量子化等结果，却很明显是在量子引力理论语境中经过形式推演而获得的新结果。在量子引力理论的语境中，只要我们能够判定这些结果与该语境是一致的，那么它在语境中的意义就能得到实现，认识主体就能对这些结果进行语义解释，继而认为这些结果在语境中是为真的。这就是说，要说明一个科学理论是否为真，就是在它所在的特定语境中考察其意义与语境的一致性。在科学语境中，基于语境中的语用约定对科学理论在语境中进行判定，只要它与其所在的语境具有一致性，就可以说明它在该语境中为真。与数学真理的判定一样，对科学真理的判定同样是具有语境相关性的。科学命题的意义也是在语境中由认识主体依据语用约定所给出的，从这个意义上讲，科学真理的语义学解释也是一种语境化的语义学。

总之，无论数学真理还是科学真理，它们都是语境化的真理，即"*p* 是真的"就是指"*存在某个 C，p 在 C 中是真的*"，其中 *C* 表示语境。语境实在论只要求"真"具有某种意义，并不要求事实严格地决定真值谓词，因为在不同的语境中使用事实上为真的 p 时，p 也可能为假，这是有意义的。数学语句 p 可能具有的真值与它真正具有的真值不同，那是因为 p 具有不同的真值条件，且这些真值条件是具有语境相关性的。如果语句"1+1=2"不是真的，这可能是由于数字"2"在特定的语境中被用来表示数字"3"。"晨星"和"暮星"具有相同的指称，并不意味着它们的意义相同，因为在任意语境中用其中一个词替换另一个词都有可能改变原语句的真值。比如，语句"晨星是傍晚可见的星星"和"暮星是傍晚可见的星星"的真值并非完全一致。语词意义的确定是受制于它所出现的语境的。因而，不论是数学还是科学，它们的真理都依据齐一的语义学说明，即一种语境化的语义学。

二、语境化的认识论

语境化的认识论注重传达认识到的结果或知识。它以语言的适当性作为判断命题是否具有意义的基准，把命题的实在性归诸动态的语境维度中，通过语境的功能来形成和强化概念和理论的意义，最终目的是在语言的语境化当中、在主体间的基础上对理论进行新的意义重建。语境认识论范式带来的最重要的结果是"知识的语境相关性"：不仅关于知识的主张是相对于言说语境的，而且对认识结果的判定也只能是在具体的语境中进行。从这个意义上看，知识不是命题与人之间的关系，而是语境相关的。关于知识的判定，会随着交流的目的而变化，因而，知识判定的标准是与语境相关的。在这个意义上，理论的真理不是由外在标准的指称所决定的，不是命题与事实之间的符合，而是理论系统的完备性不断扩张的一种逼真的极限情况。

人们接受一个语句为真要受到在特定的语境中认识主体的理论背景、社会背景及历史背景的影响。这些背景取决于认识主体在前语境中对真的信念。这就是说，人们对真的信念本身也是与语境相关的。认识主体对真的信念来源于前语境，在当前语境中认识主体经过语形分析、语义说明和语用实现获得当前语境中的知识，并经过科学共同体的一致认可最终形成未来语境对真的信念。这样看来，认识主体和认识对象之间的关系是语境化的，我们对真理的探寻是一种动态的、开放的、连续的过程。我们所获得的知识随着语境在纵向、横向的不断扩张向隐喻的潜存于语境中的真理不断逼近。

回应贝纳塞拉夫数学真理困境对实在论者在认识论解释上的挑战，是所有的实在论者的任务。自然主义实在论为数学认识所提供的解释强调人们与数学客观世界的因果接触，强调只有在认识主体与客体之间建立直接的因果关联，才有可能获得对数学世界的认知，这是在认可贝纳塞拉夫所提出的真理解释标准的基础上对其做出的直接回应。我们知道，贝纳塞拉夫为数学真理解释提出的认识论标准是经验主义的知识因果论。随着科学日新月异的不断发展和科学哲学研究的不断推进，现代科学的研究领域已深入宏观、微观尺度，超出了人类直接的感知范围，且理论体系越来越形式化、抽象化。比如在量子力学中，用来描述对象的理论实体——抽象的波函数在经验上没有与之对应可感知的物质实体。这就是说，因果认识论对自然科学的解释优位已经逐步丧失，将这种因果限制的标准强加于对数学的认识论说明显然也是不合理的。以这种因果认识论为基础的经验主义真理理论无论对自然科学还是数学来说都是不恰当的，把它作为齐一的真理解释标准显然有失公允。但这并不意味着我们不需要为数学真理提供可靠的认识论解释。虚构主义的代表人物菲尔德就在贝纳塞拉夫的基础上对柏拉图主义提出了进一步的认识论挑战。他要求柏拉图主义者为数学可靠性论断[1]提出一种因果解释，要求对数学的可靠性论断以经验可靠性论断被解释的方式进行说明。为数学的可靠性论断提供合理的解释成为实在论者面临的新挑战。

然而，菲尔德关于数学可靠性论断的因果解释要求并没有得到广泛认可。以伯吉斯和罗森为代表的一些哲学家提倡为数学认识提供一种内在解释，这种解释根据内在于数学和科学共同体的证实标准，通过指出那些导

---

[1] 数学可靠性论断：$\forall S$，数学家接受 $S \to S$ 是真的。

致数学家接受自明公理是一种可证实的过程，说明数学家接受真语句作为公理的倾向。然而这种解释不能说明在数学家与数学实体之间没有因果接触的情况下，数学家如何能够对数学实体具有可证实的信念？而且内在解释仅仅通过假设数学家的信念是正当的来说明相关语句可以作为一种可证实的过程而被接受，从而确保那个过程是可靠的，但它却不能说明什么样的证实过程才是可靠的，因此内在解释并不能令人满意。那么，什么样的解释才是我们需要的呢？数学作为整个理性知识中的不可或缺的一部分与它在自然科学中的成功应用决定了它与自然科学的一致性与整体性。对于数学的认识标准应该与认识其他科学知识的标准具有平等的地位，二者应该在一种宽泛的意义上是统一的。因此，对数学可靠性论断应该寻求一种与其他科学可靠性论断相一致的解释，但这并不是要将经验性的认识标准简单地强加于数学，而是要用一种统一的解释标准合理说明包括数学在内的所有科学可靠性论断，这种统一的解释应关注科学共同体所使用的研究方法对知识产生的作用，即我们需要为数学提供一种新的解释，这种解释不仅关注数学知识本身，更重要的是要以数学家、数学家的研究方法以及他们的断言为研究对象，通过对这些研究方法和断言的描述与分析，阐明它们如何能够促使数学家发现这些断言的真假。然而，我们如何能够获得这样一种解释继而又成为更高层次的认识论挑战。

事实上，这种解释恰恰是语境化的认识论能够提供的。我们面临的问题是说明数学家的真信念依赖于什么，而如果能够说明数学家为什么只相信为真的数学命题，那么就可以轻易地说明他们为什么只接受为真的数学语句的信念。语境化的认识论主张所有与数学信念的真理相关的事实都是元语义的，这可以成功地说明数学家的信念如何对应于这些信念的真值。比如，除非实数 2 和虚数 2 都与一个更大范围的数学语境中所具有的归类结构相关，否则二者是否相等是不能确定的，进一步地，在新语境中的 2 是否分别等于实数 2 和虚数 2 仍然是不能确定的。这种关于指称和同一性的语境化理论必然会导致在说明一种理论时预设了先在理论的存在，该理论的结构是内嵌于先在理论中的。可能有人会因此质疑这种解释存在着某种循环，即元语义的存在总处于一种向前语境的递归之中。然而，我们认为这种循环是无害的。数学语境的确定边界性特征表明在一个确定的语境中，数学命题是具有语义边界的，相关语境的内在系统价值趋势必然规定了特定表征的语义边界。人们在一个确定的语境内不可能通过任何形式的约定，去无中生有地构造意义。一旦超越了这一已规定的语义边界，也就超越了相关语境本身。数学语境的本体论性决定了它的约定性，它的约定性以本体论性为前提，这会避免我们对数学的认识走向完全的相对主义；另一方面，数学语境的再语境化特征决定了数学语境是不断再语境化的，数学认识的过程始终处于一种不断再语境化的动态过程之中。任何割裂这种连续性、关联性的分析都是孤立、片面的，否则我们会走向另一个极端：绝对客观主义。数学语境边界的不断变化和更迭促成了数学语境的不断再语境化，对数学知识的认识是数学语境的相对确定性与普遍连续性的统一。

语境化的认识论同样可以为科学的可靠性论断 "$\forall S$，科学家接受 $S \rightarrow S$ 是真的" 提供解释。正如郭贵春教授指出的那样，"在人类认识的总体范围内，'所有的对象都是已经语境化了的对象'。[①]所以，在任一特定的语境中，对象是语境化了的对象，语境是对象化了的语境；对象不能超越语境，语境不能独立于对象，二者是一致的。因此，语境的相对独立性和独立于语境的东西，不应当像在传统哲学中那样造成人为的二元对立，而应当是统一的。在这里，'超语境'和'前语境'的东西不具有直接的认识论意义，任何东西都只有在'再语境化'的过程中融入新的语境的意义上，才可解构为一种关系，并从这种关系去看待它的本质。然而，到底确定一种什么样的关系，则依赖于特定语境结构的系统目的性。因为关系的趋向性确定就是一种结构性的变换，而不是其他。同时，从这种关系的视角看，语境也是一个'结'，或者说是一个必需的联结点。一切人类认识的内在和外在

---

① Rorty R. Objectivity, Relativism and Truth. Cambridge: Cambridge University Press, 1991: 94. 转引自郭贵春. 论语境. 哲学研究，1997（4）: 51.

的信息，都只有通过它才能够得以联结、交流和转换"。①因此，语境实在论能够确保人们在不同的语境中对所认识的对象具有可靠性信念。

基于上述分析，语境实在论为数学提供了一致的语义解释，使数学语言与一般的自然科学语言具有同样的地位；另一方面为数学提供了合理的认识论解释，使数学语言与一般的自然科学语言以同样的方式为人类所理解和接受。与此同时，它能为数学语言寻找一种实在的、包含"纯数学"和"应用数学"的语境解释，以使包含数学的证明能够直接被应用于科学的语境之中，这是语境实在论对贝纳塞拉夫真理困境做出的合理解答。

第四节 基于"语境"之实在论的发展桎梏

在语境论者看来，数学对象与科学对象具有相同的语境本体性，其实在性的本质都是一致的，即都是语境化的实在。对象的实在性是在具体的语境中得以呈现的，语境实在论为不同对象的实在性提供了共同的标准。在语境论的视角下，研究科学就是研究科学语境，研究数学就是研究数学语境。而语境的基本特征都是一致的，任何语境都是具有具体结构的、整体的，是具有确定边界的，始终处于不断再语境化的过程中。这些基本特征与语境的本体论性表明了语境论为科学提供的语义解释是一种实在的语境化语义解释，为认识科学真理提供的是一种语境化的认识论说明。因此在语境实在论这一共同的阐释基底上，我们必然能为数学提供与科学一致的真理解释，从而为数学真理困境提供更为合理的解答。一方面，语境实在论能为数学提供实在的语境化语义解释，使数学语言与一般的自然科学语言具有同样的地位；另一方面，它能为数学知识提供合理的语境化认识论说明，使数学语言与一般的自然科学语言以同样的方式为人类所理解和接受。

事实上，如果局限在贝纳塞拉夫的语境下求解其真理困境，几乎每一

---

① 郭贵春. 论语境. 哲学研究, 1997（4）: 51.

种解决策略都以失败告终。换言之，在贝纳塞拉夫所提出的真理困境本身的语境下，试图通过选择他为真理解释开列的限制条件中的一种或两种标准进行调和的任何进路都是行不通的。其根本原因在于，贝纳塞拉夫所给出的两个标准本身就是一个悖论。当然，这不是完全否定贝纳塞拉夫提出数学真理困境的意义，事实上，他提出为数学与科学提供统一的真理理论这一要求是合理的，它无论对于数学研究还是科学研究工作都能提供重要的哲学基础。因此，解决真理困境的唯一出路在于必须跳出贝纳塞拉夫所预设的标准语境，在新的哲学基点和语境下解读、求解数学真理困境。显然，语境论便是这样一个有效的选择。因为在新的语境下，原本在贝纳塞拉夫语境下不可能达到的统一，在语境论的视域下成为可能。毋庸置疑，基于"语境"的实在论求解，不仅可以从根本上消解掉贝纳塞拉夫的难题本身，为数学与科学提供统一的真理理论和共同的阐释基底，更为重要的是，它开辟了进行数学哲学研究全新的方法论视域，其重要意义不言而喻。

尽管如上所述，从求解数学真理困境的角度，在为数学与科学提供一致的认识论与语义解释方面基于"语境"的实在论出色完成了任务，但其进路的进一步发展受到其实在论立场的制约，具体可归结为以下几点：

（1）基于"语境"的实在论对数学本体的定位依赖于语境的实在性，这导致对数学实在性的说明取决于语境的实在性。语境论作为一种方法论，的确为我们探究认识论问题时提供了恰当的视角与启示。然而，赋予语境以某种实在地位的合理性仍有待具体论证。尤其是在探讨数学与科学本体论特征时，用数学语境代替数学，用科学语境代替科学，继而把语境作为其共同的实在论基底的必要性也有待说明。

（2）基于"语境"的实在论对数学实在论与科学实在论的说明是策略性与诠释性的。以语境论为基本分析方法，为数学与科学提供语境化的认识论与语义学说明，并不必然要求与实在论结合。基于同样的来源，可以选择实在论的立场，也可以主张一切都只是语境化的知识，一切真理都是语境化的真理，从而走向彻底的反实在论。基于"语境"的实在论进路是出于求解真理困境的策略性与诠释性选择。这种策略性并不能为语境实在论提供有力的辩护。无论对于数学实在论还是对于以物理为典范的自然科学的实在论而言,其实在论的发展动机不应只是基于某种策略上的诠释。

（3）基于"语境"的实在论进路选择只是出于哲学的考量,而从麦蒂自然主义来看,即使数学本体论、认识论以及与真理相关的问题是实践中方法论的附加物,但与这些问题相关的答案仍有必要在真正的实践中找到,而不是为其悬置任何哲学动机下的基础。当然,麦蒂把数学实践理解为集合论的做法有待商榷,我们会在第六章具体探讨,但她对实践的强调值得每一位数学哲学工作者认真思考。

第六章
基于『数学』的数学实在论

　　不可否认，语境论作为一种分析方法，为数学与科学提供了恰当的认识论与语义学说明。其对数学真理困境求解诉求的把握与分析亦为我们带来了有益启示，但对数学实在的策略性语境诠释缺乏对数学实在论与科学实在论的直接、有效的论证。基于"语言"的新弗雷格主义实在论与基于"自然"的第二哲学选择否认数学与科学的整体性，试图割裂数学与科学的联系，实质上是对数学真理困境的消解。而基于"科学"与基于"语境"的实在论进路看到了数学与科学整体关联的必要性，尝试从不同角度为二者提供一致的解释，但在对真理困境求解的过程中，各自又遇到了进一步的发展桎梏。这些新困境的出现，使得求解数学真理困境的基本诉求清晰起来：从实践出发，提出基于"数学"的实在论进路，挖掘该实在论进路在科学领域的应用，论证这种实在论进路在解释数学实在与科学实在的共同本质方面所具有的一致性。

　　20 世纪 30 年代由布尔巴基学派兴起的数学结构主义，正是这种方案的践行者。他们主张数学的本质在于结构，数学的本性不是抽象、孤立的个体对象，而是数学对象间的结构关系。需要指出的是，布尔巴基学派并非旨在构建哲学体系，对数学本体做出解释，而只是为其数学基础提供一种技术框架。事实上，即使只是后者，该学派的最初目标也并未实现。科里（L. Corry）就曾指出该学派在《数学基础》以及其他数学中并未广泛使用该理论。[1]原因在于：其一，结构主义方案的一般化程度不足，无法呈现当前甚至 20 世纪 50 年代的数学。尽管该方案看似可以作为普遍的基础，但当人们真正用它来表示度量空间、代数空间等时，其一般化程度都不足以满足实际需求。其二，对于其一般化程度可以满足的抽象代数而言，由于对该理论的应用反而会使原先清晰的概念和特征变得模糊。事实上，在真正的数学研究中，几乎没有数学家使用甚至学习过布尔巴基的结构理论。尽管如此，布尔巴基学派对数学的观念深刻影响着全世界的数学家。该学派将结构关系作为实践研究方法的强调，更启发一批哲学家与数学家从

---

① Corry L. Nicolas bourbaki and the concept of mathematical structure. Synthese, 1992, 92 (3): 315-348.

结构主义出发反思数学的基础以及数学的本质。基于对结构之本质的不同理解，主要出现了三种进路：先物结构主义、模态结构主义与范畴结构主义。

本章我们分别考察先物结构主义对结构即抽象实体的先物强调、模态结构主义回避数学本体之消除主张各自面临的问题，最后以数学实践为基础，给出范畴论结构主义的实在论解释：数学对象即结构，而结构就是数学家们真正讨论的"事物"或"主题"——范畴中的对象。

第一节　基于"数学"的先物结构主义及其缺陷

数学真理困境对认识抽象数学对象的因果限制要求一直是实在论者无法逾越的障碍。随着不可或缺性论证以及自然主义实在论纷纷陷入困境，一些数学实在论者试图通过赋予数学以新的基础，来揭示数学的本质，从而放弃对数学认识的因果限制要求，为突破数学真理困境找到出路。作为其中最杰出的代表之一，先物结构主义提出了数学化归为结构的求解策略，他们通过直接提供关于结构的认识论解释，解决实在论者所面临的认识论难题。本节主要考察先物结构主义的理论来源及其基本思想，分析其求解数学真理困境的具体方案，最后指出这种方案所面临的问题以及它对我们求解数学真理困境提供的启示。

一、先物结构主义的理论基础

在坚持"数学本质即结构"的同时，夏皮罗（S. Shapiro）、雷斯尼克（M. Resnik）等学者进一步得到数学对象即"结构中位置"（[89][95][96]）的本体论论断。他们主张数学断言都是客观真理，数词即单称词。每一个数学对象都根据相同结构中与其他对象间的关系得到唯一确定，如夏皮罗所述，"自然数的本质是它与其他自然数之间的关系……比如数 2 在自然数结构中不多于也不小于第二个位置，6 是第六个位置……"。①这种观点坚持数学对象的客观存在，具有柏拉图主义的典型特征，因此夏皮罗称其为先物结构主义。②

1. 数学本质是结构

先物结构主义认为，研究数学并不是研究孤立的数学对象，而是研究不同数学对象之间的关系，我们可以把数学对象看成是数学结构中的自在位置。如同夏皮罗所指出的，系统是由具有某种特定关系的对象集合构成的，而系统的抽象形式就是结构。结构是对象之间的联结关系，而不关注关系之外的任何其他特征。比如，在自然数结构中，可以把任何自然数看成是一间"办公室"，该自然数在不同系统中可以被不同对象占有。人们在表征结构时，可以根据占有位置的不同对象来说明位置本身，在这个意义上数学对象只与结构有关，因而应把数学对象看作某结构中的位置，比如，数字 2 就是在自然数结构中的某个位置，它位于 1 与 3 之间。任意自然数都可被看作特定无穷模式中的某个位置，所得到的自然数结构即为该特定无穷模式的一种例示。

2. 结构中的位置即数学对象

先物结构主义者把数学对象看成是结构中的位置。然而，从直觉上讲，对象与结构中的位置之间存在着差别。为了阐明数字、点、集合等都是数学对象，先物结构主义者认为这种差别仅停留在语言学实践中。因此"位置即对象"（places-are-objects），即结构中的位置本身就是对象，而无须任何背景本体的支持。如同任意的恰当名称那样，表示位置的项本身就是一个单称词。例如，我们称中国象棋中的"相"走"田"字，或"相"不能过河到对方阵营。因而，算术就是关于自然数结构的，且任意自然数就是该结构中的位置。把数学结构中的位置看成是一种对象，由此可以为数学语言提供基本的逻辑形式。比如，在算术语言的语句中，句子"1+1=2"或

---

① Shapiro S. Philosophy of Mathematics: Structure and Ontology. Oxford: Oxford University Press, 1997: 72.
② Shapiro S. Mathematical structuralism. Philosophia Mathematica, 1996, 4 (2): 81.

句子“对任意自然数 n，都有某自然数 m，$m>n$”，在字面意义上所指称的都是自然数结构中的位置。因此，在数学中，数学结构的位置就是实在对象。

3. 结构的同一性

结构主义从本质上主张数学对象与其存在性之间存在某种相对性，数学对象与构成它的结构具有紧密联系。贝纳塞拉夫也发表了相似的观点，他指出某些关于同一性的陈述是毫无意义的：“同一性的陈述只有在语境中才有意义，其中存在可能的特定条件……同一性的问题包括：预设了被比较的‘实体’属于相同的范畴。”[①]实在论者赞同这种观点，相同结构中的位置当然是属于相同的范畴，而且其中存在特定的条件。在他们看来，“对象”和“同一性”的概念是明确的，但完全是相对的。雷斯尼克沿用了蒯因关于本体相对论的观点，认为相对性是非常普遍的，它适用于科学信念的整个网络，而夏皮罗则认为数学与相对性无关。在夏皮罗看来，数学家发现辨识不同结构中的位置是一种方便之举，有时甚至是具有强制性的。比如，在比较自然数结构中的一个位置与它在整数的、有理数的、实数的、复数的结构中的位置关系时，人们采用自然数的策梅洛定义显然是明智的。因为选择自然数的策梅洛定义，意味着自然数 2=整数 2=有理数 2=实数 2=复数 $2+0i$，这样都更简单。在他看来，两个系统 M 和 N 所具有的结构同一是指，存在某更高阶的系统 R，M 和 N 都与 R 的某个完全子系统同构。不同结构位置上的同一实质上是某种约定意义上的同一，如自然数结构与实数结构中的“1”并不是真正相同的，而只在约定意义上同一。

在先物结构主义者那里，结构本身就是本体论的一部分。因此，夏皮罗信守蒯因的格言“没有同一性就没有实体”，他指出，给出一种关于结构的同一性概念是十分必要的。任何自然的选择或事实的东西都不存在，只有一些有待选择的概念：“我们把同一性作为原始的东西，同构就是结构之间的全等关系。即当两个结构同构时，我们规定它们是同一的。”[②]

---

① Benacerraf P. What numbers could not be. The Philosophical Review, 1965, 74 (1): 70.
② Shapiro S. Philosophy of Mathematics: Structure and Ontology. Oxford: Oxford University Press, 1997: 90-91.

二、先物结构主义对数学真理困境的求解

要想突破贝纳塞拉夫数学真理困境，实在论者就必须为数学对象提供一种合理的认识论解释。因而，对于先物结构主义者而言，要获得关于数学的知识，就要获得关于结构的知识。他们的策略是，借助模式认知、语言学特性描述以及隐定义这三种方式可以说明对结构的知识。

1. 模式认知

夏皮罗认为，模式认知是某种与普遍感性知觉相似的基本认知能力，是认知主体通过观察模式化系统而得到的，在人类认知初期起着主要作用。

首先，人们借助模式认知，可获得关于有限结构的知识。对于任意自然数 n，都存在某个结构，该结构的所有例示系统都具有 n 个对象。如模式 2 是所有双元素集的共有结构。一对夫妻、一支笔的两端、一双手套都可以例示模式 2。我们可以依次定义模式 3、模式 4 等 "有限基数结构"。在夏皮罗看来，模式认知可以揭示有限基数结构的自在本质，他把有限基数结构作为自在结构的范式。依据相同步骤，我们可以说明关于有限序数结构的知识。比如，模式序数 3 是任意具有特定顺序（第一、第二以及第三）的三个对象构成系统的结构。其次，对有限模式认知做适当修正，我们可以进一步说明关于对大有穷基数结构以及无穷基数结构的认知过程。即通过对较小结构进行抽象，获得一个认识和理解较大结构的模式。当然，这并不是简单抽象就可以达到的，但人们仍可明确识别、谈论以及计数这些有限基数结构和有限序数结构，通过对可感知模式进行投影，从相同基数的有限集类的共有物中抽象得到关于更大结构的知识，并进一步投影出其可数无穷模式。比如，人们可以通过分析有限模式的结构，得到自然数结构，并进一步把有理数结构看成具有特定关系的自然数对的结构，并依此获知无穷结构。

但是，用简单模式认识方式来说明无穷结构只适用于可数的情况，而数学实践中研究的大部分无穷结构并不可数。针对这一问题，夏皮罗提出另外两种认识结构的方式：语言学特性描述与隐定义。

2. 语言学特性描述

依照先物结构主义，结构取决于构成该结构的不同位置之间的关系。而通过对结构中的位置以及位置间的关系进行语言学特性描述，任何结构都可得到揭示，使之成为一种认知活动的对象。这种方式的优势在于，我们将无须拘泥于记号或类型的模式认知。

关于结构的语言学特性描述如何能表达一个抽象结构，夏皮罗的回应是，二阶戴德金-皮亚诺公理本身足以说明所有 ω 序列结构，我们有能力理解关于这个结构的规范公理化描述。语言学特性描述的一致性可以确保该描述至少满足一个结构，而语言学特性描述的范畴性则可确保该描述至多满足一个结构。二者结合起来足以揭示与该描述相对应结构的知识。因此，要获知无限大结构，我们需要阐明该结构的特性描述同时具有一致性与范畴性。具体来看，夏皮罗认为某个语义学特性描述具有一致性，是指它对于集合预设的本体论和认识论而言，能以最佳方式得到例示。比如任何优秀的小说，其中都会创造某个概念或事物，无论该特定事物是否实在，它在与之相关的描述中都具有某种性质或关系。因而，语言学特性描述不仅能够表达某个概念，而且通过对概念的表征与阐释，它还可以说明我们如何具有对初始对象的认知能力。当然，夏皮罗对虚构的结构与实在的数学结构进行了区分。在他看来，柏拉图式的实体不仅满足特性描述的一致性，还满足特性描述的范畴性。只有二者同时得到满足，才能阐明关于结构的全部知识。

这一结论极为重要，但夏皮罗没有给出有力论证，而只是对数学真理困境做了一种保守回应，即任何一致的语言学特性描述都会直接表现出结构的本质，并为其提供一个范例。因此先物结构主义者的求解方案是，为结构提供准确描述，阐明这些结构的存在性，并进一步表明这些结构的存在正如所给出的特性描述一样。

3. 隐定义

在夏皮罗看来，要得到抽象对象，使之成为智力活动的可理解之物，人们就必须能够从概念本身通达其所例示之物的认知，也就是说，人们必须能够揭示结构的特性描述所具有的范畴性。这一点借助隐定义可以做到，即结构是由数学理论的公理定义的，把握这些公理就可以提供关于该结构的知识，它是认识抽象数学结构的最终方式。正如夏皮罗所述，"至少对于纯数学领域来说，掌握一个结构就等同于理解这个理论的语言。要理解一个结构并具有指出其位置的能力，就等于是需要具有正确使用语言的能力"。①夏皮罗的隐定义与弗雷格的抽象原则类似，即根据相似类的对象之间的等价关系，在相似的意义上，借之以形成新类型对象的同一性条件的概念。隐定义可以成功地描述结构，而且用隐定义描述的结构是柏拉图式的结构，即自在的对象。比如，在数论中，我们知道每一个自然数都有一个唯一的后继，0 不是任何数字的后继，且满足归纳原则。同样地，在实数分析中，要考察被称为"实数"的特定数学对象，认识这些对象之间的特定关系。任何特定的数学对象本身并不重要，有待考察的是对象间的关系以及运算，也就是结构，结构才是我们所要探讨的自在之物。我们能够借助隐定义获知结构。因此，获知数学结构实质上就是理解数学理论的语言，"语言为我们提供了认识数学结构的大门"。②

三、先物结构主义存在的问题

一般来讲，这种本体论立场具有两个优势。其一，与其他结构主义一样，将数学本质视为结构，从而能有效回应贝纳塞拉夫提出的"多种化归"（multiple reductions）问题。③其二，忠诚于数学实践，数学对象的客观存在确保了数学论述中对单称词的指称，能为实践中数学家们所关注的对象之间的结构关系提供更为坚实的基础。但该种本体论解释存在一些严重的问题。将数学对象视作结构中的"位置"，进而对"系统"与"结构"加以区分，以系统作为结构的例示，这种对结构的进一步切割与其结构主义的

---

① Shapiro S. Philosophy of Mathematics: Structure and Ontology. Oxford: Oxford University Press, 1997: 137.
② Shapiro S. Structure and ontology. Philosophical Topics, 1989, 17 (2): 45-71.
③ Benacerraf P. What numbers could not be. The Philosophical Review, 1965, 74 (1): 47-73.

基本立场不相一致。

1. 先物结构、位置与关系

在本体论上，先物结构主义是典型的柏拉图主义支持者。夏皮罗称之为"本体实在论"[①]主张自然数存在，自然数形成一个处于通常算术关系下的系统，该系统的结构是自然数系统。但与传统柏拉图主义不同的是，先物结构主义关注结构而不是个体对象。先物结构类似于先物共相，因而它是众中之一（one-over-many）的先物抽象。相同的结构可以在多个系统中得到例示，而结构独立于任何可能在非数学领域中出现的例示存在。与性质这种更为常见的共相不同，结构不是个体对象的形式，而是系统的形式，系统是由具有特定关联的对象组成的集（collection）。

在进一步阐明先物结构的存在性时，夏皮罗强调，这取决于结构中的位置以及位置在结构中的联系。位置与结构之间没有形而上学的优先性，它们对于先物结构都是不可或缺的，都是确保先物结构存在的必要条件。先物结构中的位置类似于办公室，即"位置是办公室"（places-are-offices）。[②]比如，一个三序数结构，是具有线性序数关系并由三个对象构成的系统的形式。该结构具有三个位置，每一个位置都由例示该结构的某系统中的一个对象填补。比如，夏皮罗三个女儿按照出生顺序构成了这样一种系统，老大、老二和老三依次占据结构中的第一、第二和第三个位置。结构中的位置不是共相的绑定物，而是共相的组成部分。

每一先物结构都包含某些结构和某些关系，且它们之间的依赖关系是构成性的。一个结构是由其位置和关系构成的，就好比任何机构是由它的公司和办公室之间的联系构成一样，这种结构不是分体论的。当然这并不是说，结构只是其位置的综合，因为位置必须通过结构的关系彼此相关联。依照先物结构主义，结构中的位置是具有结构相关性的，我们只有通过在结构中定义的关系与函数才能对结构中的位置进行区分。但是，我们无法

① Shapiro S. Identity, indiscernibility, and ante rem structuralism: The tale of *i* and *–i*. Philosophia Mathematica, 2008, 16 (3): 302.
② 同①。

给出结构中位置之间的同一性标准,甚至不可能给出关于这些位置的知识。

下面不妨以数学实践中的实例来说明如何对结构中的对象进行区分。一般有两个步骤:第一步,关于一个结构中对象的陈述可以通过把它置于一个较大结构中得到证明,夏皮罗可以提供与之相关的说明;第二步,用夏皮罗的先物结构主义说明如何区分对象。比如,定理"不可约的实系数多项式的次数最高为二次",我们通过考察复系数的多项式可以证明它,即首先证明任意多项式都具有一个根,然后证明如果一个复数是一个多项式的根,那么它的复共轭也是一个根。二者结合起来可知上述定理得证。夏皮罗承认这是一种常见的数学实践。对于自然数的某个性质 p,可以通过考察它作为实数结构的部分来证明 p。较大的结构中包含一个与较小结构的同构像,像的性质同样满足较小的结构。同构的系统是等价的,如果 B 与 B' 同构,则满足其中之一的任意语句,也满足另一个。夏皮罗始终坚持不同结构中的位置是不同的,数学对象与构成它们的结构相关联。[①]

在上述例子中,夏皮罗并未把实系数的多项式看成是复系数多项式结构中的一部分,而只是强调二者之间存在同构性,但在数学实践中人们将断言它们是同一的。夏皮罗要想保持与数学实践一致,就必须构造越来越大的结构。接下来的问题是,这些被构造出来的新结构与被先物结构主义者作为数学本质的结构是否相同?如果不同,那么新旧结构之间的区别又在哪里呢?事实上,究竟哪个结构才是先物结构主义者作为确定数学对象的结构并不清楚。

此外,在数学实践中数学家们从不对系统与结构做出区分。对于数学结构是什么以及结构与系统的区分究竟是什么,夏皮罗也并未真正阐明。夏皮罗所说的数学系统似乎就是唯一一个系统,即 ZF 集合,但自然数、实数等系统真的就应该是集合吗?如果不是,这些系统又是什么?它们如何与结构相区分?如果是,真有数学家曾使用过这些系统吗?事实上,几乎没有数学家学过也几乎没有数学课本提及 ZF 集合论。上例中夏皮罗女

---

① Shapiro S. Structure and identity in modality and identity// MacBride F. New Essays in Metaphysics and the Philosophy of Mathematics. Oxford: Oxford University Press, 2006: 109-145.

儿们所占据的是系统中的位置，反映的是系统间的关系，即该系统明确了三个女儿之间的出生次序关系，这种关系非夏皮罗所主张的先物结构的位置所确定，因此如何将它们分别与形而上学意义上的位置（夏皮罗的数学对象）建立联系，仍是未知的。他的确指出："形而上学的观点是，一个结构由它的位置以及它的关系构成。位置与关系都不先于对方而存在。"①也就是说，位置与关系即使在形而上学意义上也没有差别，那么是不是结构主义可以不去预设位置呢？位置之于夏皮罗来讲，只是有助于解释所谓例示了某结构之系统中的对象，而事实上那些正是数学家真正在讨论并使用着的对象，它们因不具有柏拉图意义的普遍性而不能被视为统一的数学对象。因此，夏皮罗有必要说明，系统和结构之间的本质区别究竟是什么？"办公室"与"某个公司或单位的办公室"是否一样？夏皮罗可能的回应或许是，前者是形而上学意义上的先物抽象，后者是前者的具体例示。但进一步的问题是，前者与后者之间的区分由谁来裁定？如何加以划分？显然，如何阐明先物结构中位置的不可分辨性成为回答上述问题的关键。

2. 不可分辨物与同一性问题

遗憾的是，先物结构主义者对结构中位置不可分辨性的说明本身也备受质疑。如上所述，先物结构主义对抽象结构存在性的主张，依赖于其对结构中位置不可分辨性的说明。正如夏皮罗本人所言，"蒯因的观点是，对于给定的理论、语言、框架，都存在识别对象的确定标准。没有理由认为，结构主义是一个例外"。②莱特格布（H. Leitgeb）与雷德曼（J. Ladyman）等学者指出上述论断表明，结构中位置的同一性关系要求一种非平凡定义，即要求一种很强的不可分辨物同一性原则。③

（IND）对于同一结构中的任意对象 x，y，如果 x 与 y 共享相对于该结构的所有结构性质，则 $x=y$。

---

① Shapiro S. Identity, indiscernibility, and ante rem structuralism: The tale of i and $-i$. Philosophia Mathematica, 2008, 16 (3): 304.
② Shapiro S. Philosophy of Mathematics: Structure and Ontology. Oxford: Oxford University Press, 1997: 92.
③ Leitgeb H, Ladyman J. Criteria of identity and structuralist ontology. Philosophia Mathematica, 2008, 16 (3): 388-396.

该原则表明每一个数学对象根据其结构性质①都应得到唯一的特性描述。如，作为素数的性质是一个算术结构性质，因为它根据乘法和加法是可定义的。而树上的鸟有几只所表达的数量则不是结构性质。根据复数的定义，"-1 的复平方根"这一性质是复数的结构性质，但不是算术的。通常复数定义为数 $a+bi$，其中 i 被定义为 "-1 的复平方根"。但由于对任意数 x，都有 $(-x)^2=x^2$，该定义同时会给出数$-i$。因此，i 与$-i$ 这两个复数具有完全相同的代数性质。从复数 $a+bi$ 到其共轭 $a-bi$ 是一个复数的代数自同构，即每一个复数 $a+bi$ 都具有与其共轭 $a-bi$ 的相同代数结构。由此可知，$\Phi(a+bi)$ 当且仅当 $\Phi(a-bi)$。特别地，$\Phi(i)$ 当且仅当 $\Phi(-i)$，它们共享代数上的所有结构性质。因此，先物结构主义应主张 $i=-i$。

这一结果显然是夏皮罗不能接受的。他承认"……如果我们要发展一种结构理论，那么结构间必定存在一种确定的同一性关系……（不是主张，把结构看成对象，留下结构间的同一性关系不加确定。当然对于某给定结构中的位置也是如此……当探讨数学对象——给定结构中的位置时，同一性必须是确定的）"②，但同时强调，同一性的确定性并不是要求以非平凡的方式给出结构同一性，也就是说"不要求数学对象以非平凡的方式得到个体化，形而上学的原则与直觉反之也不适于说明日常的数学实践。日常数学实践预设了在某种意义上不能被定义的同一性关系。如，复系统中-1 的两个平方根是不可分辨的：满足其中一个的性质也满足另一个。……'i'在自然演绎系统中的作用就像一个参数"。③从而提出如下的二阶版本同一性原则：

$$(ID) \quad a=b\equiv\forall X \quad (Xa\equiv Xb)$$

在标准语义学中，（ID）右边事实上表达了同一性关系。但是元理论中，同一性是在标准语义学下被预设的。为了表明公式$\forall X(Xa=Xb)$表达了同一性，我们考虑一个只被 a 满足的性质或集合 P，即 P 只满足 a 而其他都

---

① 一个性质为"结构的"，即它可根据一个给定结构中的关系得到定义。

② Shapiro S. Structure and identity in modality and identity// MacBride F. New Essays in Metaphysics and the Philosophy of Mathematics. Oxford: Oxford University Press, 2006: 140.

③ Shapiro S. Identity, indiscernibility, and ante rem structuralism: The tale of i and $-i$. Philosophia Mathematica, 2008, 16 (3): 285.

不满足：如果 $b{\neq}a$，则$\urcorner Pb$。换言之，在元理论中使用同一性关系是为了表明上述定义的确表达了对象语言中的同一性关系。夏皮罗指出，在数学实践中我们是通过给出公理定义一个结构。这些隐定义通常都使用了适用于该结构的非逻辑术语以及一个同一性符号。同一性符号不只是另一个非逻辑项，而更像是对于合取或者对于全称量词的符号。正如在具有同一性的一阶逻辑中，我们认为或预设，$a{=}b$ 在一个解释下成立，当且仅当 a 和 b 指示相同的对象。[①]因此，在预设同一性关系时，先物结构主义与数学实践做出的假设一样。比如，人们可以定义具有下述范畴性公理的二基数结构：[②]

$$(\exists x)(\exists y) \quad (x{\neq}y\&\forall z\,(z{=}x\vee z{=}y))$$

除了不包含非逻辑术语且本身是平凡的，该定义与其他的公理化没有区别。复数结构同样有一个如上的标准公理化形式，即

$$(\exists x)(\exists y) \quad (x{\neq}y\&x^2{=}y^2{=}{-}1\&\forall z\,(z^2{=}{-}1{\rightarrow}z{=}x\vee z{=}y))$$

因此，只存在二基数结构的两个不同成员，且只存在-1 的两个不同的复平方根。除此之外，数学实践与先物结构主义对同一性或个体性都不做任何其他要求。

可以说，夏皮罗依据数学实践的要求以及对数学实践的忠诚限制，是对其无法提供不可分辨物辨识标准的有力回应。无论是数学家还是哲学家，没有人会对遵循数学实践这一准则提出质疑。然而，从先物结构主义的哲学立场来看，其论证是不一致的。一方面，夏皮罗主张抽象结构的客观存在性，主张抽象结构中位置的确定性，这要求他阐明，在指称数学对象——结构中的位置时，能够辨识该对象，成功达成对其的指称，并说明我们如何能获得对其的认知。比如，有能力辨识复数结构中"i"的位置。另一方面，他基于数学实践的忠诚，否认存在任何以非平凡方式能够辨认"i"的机制，从而数学对象——结构中位置的同一性来自数学实践的预设。如果后者成立，那么先物结构主义的论证就是以数学实践的预设为基础，这显

---

① Shapiro S. Identity, indiscernibility, and ante rem structuralism: The tale of i and $-i$. Philosophia Mathematica, 2008, 16 (3): 293-294.

② Shapiro S. Identity, indiscernibility, and ante rem structuralism: The tale of i and $-i$. Philosophia Mathematica, 2008, 16 (3): 294.

然与夏皮罗先物的本体论不相一致。正如赫尔曼（G. Hellman）的评论，就夏皮罗的方法而言，"在没有从'结构关系'（实际上是结构本身）的结构主义观点实质性脱离出来的情况下，把'对象'看作'被关系项'的纯粹结构主义观点站不住脚"。[①]其根本原因在于，先物结构主义无法说明数学家们如何以纯粹结构的方式真正成功地处理结构。

3. 某些数学对象并非先物结构

先物结构主义的基本诉求是要表明他们的结构主义与数学实践是相符合的。夏皮罗一贯强调数学哲学的目标是解释数学，并说明数学在整个智力事业中的地位。尽最大可能，如实地解释数学家们所做的研究，这是迫切需要的"忠诚的限制"。[②]先物结构主义主张所有数学对象都应满足关于数学的结构主义描述。但在数学实践中，关于有些数学对象的认识并不能用结构主义来解释，先物结构主义甚至与某些数学实践是相悖的。

有些结构是定义在某特定集合上的，但该集合本身并不能被看作结构。在当代数学研究中，"集合的结构"这一概念具有广泛应用。一般来讲，通常结构是定义在某个特定集合（并非数学中严格定义下的集合）上，来计算集合中的不变量。如图 5 所示。

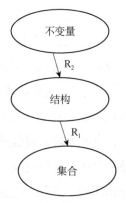

图 5　集合-结构-不变量关系图

① Hellman G. Three varieties of mathematical structuralism. Philosophia Mathematica, 2001, 9 (3): 195.
② Shapiro S. Structure and identity in modality and identity// MacBride F. New Essays in Metaphysics and the Philosophy of Mathematics. Oxford: Oxford University Press, 2006: 109-145.

例如，集合在拓扑学中是一个拓扑空间，其结构就是该拓扑空间上的一个向量丛，而不变量是 K_0 群，该群是由向量丛的特定商定义的。为了认识某集合，人们就必须掌握反映该集合的不变量，这就需要在这个集合上构造特定结构。不难发现，结构在此并未发挥关键性作用，相反我们实际上是应用不变量来确定集合性质的。在整个过程中，最为重要的并非结构，而是集合、定义在集合上的特定结构以及反映该集合特征的不变量之间的相互关系。此外，这里的集合又是什么呢？如果像先物结构主义者所言集合仅仅是一个特定结构中的位置，那么它所具有的独特性质是什么？如果把集合论看成是关于某特定模型的研究，把集合论束缚在一个特定的公理系统中，将不能激发更多的公理以解决现存公理不能解决的问题，从而阻碍数学探究活动的发展。在这种意义上，先物结构主义对结构本身的强调显然不足以表达所有数学。比如，对于什么是一个拓扑群我们可以有多种回答。它是一个包括一个集合、一个在其上的群运算以及一个其上的拓扑构成的有序三元组，也可以是一个包括一个集合、一个其上的拓扑以及一个其上的群运算构成的有序三元组。群论数学家会认为是前者（它是一个群，然后加上了一个拓扑），拓扑学家则选择后者（它是一个拓扑空间，然后加上了一个群运算），数学共同体作为一个整体并没有任何偏好。事实上，集合论本身也不能涵盖整个数学领域。这一点我们将在本章第三节进行具体讨论。

4. 认知模式中存在的问题

先物结构主义者对如何认识结构的解释也存在问题。根据夏皮罗的模式认知，认知主体 S 通常以简单模式获知一个基数结构序列，如自然数数列。该序列的定义是：一个域的初始元素以及该域所包含任意元素的后继构成的子集包含所有的元素。通过为该序列加入一个后续最长序列，我们可以得到自然数数列的扩展。但在这一扩展过程中，S 并不知晓其中隐含的一个普遍事实：即所有有限基数结构都具有共同的 ω 序列模式。当然，S 之后会逐渐形成一种普遍信念，并发现每个基数结构都有唯一的后续最长序列，由此能确信上述有限基数结构事实上形成了一个 ω 序列。否则 S 将不能确信基数模式的扩展是否超出他对基数结构所能达到的例示。于是先物结构主义者需要说明如何从特定知识，比如，皮亚诺算术、ZF 等推出一般数学知识所使用的原则。这些原则显然是更为重要的，因为如果不能得到解释，就不能确保可以用有限结构来描述由其扩展得到的无穷结构的特征。人们或许会坚持认为，认知主体把关于特定结构的知识映射到关于一般结构的知识上，但必须承认这只是后见之明。结构主义者使用二阶 ZFC 作为一个对应物，然而如果不存在公理的确定集合，那么将全序域公理与分析进行对比，或者对算术施加二阶皮亚诺假设如何可行，都需得到具体说明。

为了克服以上困难，夏皮罗进一步提出用语言学特性描述来说明对数学结构的认知，即说明对数学结构的特性描述所具有的一致性与范畴性，特性描述的一致性与范畴性实质上就是结构本身的存在性。但一个描述是否具有一致性与范畴性，取决于数学自身。关于一致性与范畴性的概念本身在集合论中都得到了很好诠释，这意味着要说明某个描述的一致性与范畴性，要求为其在集合论中建立模型，所有问题都需借助集合论解决。这种策略对于结构主义者而言显然是循环论证，即人们如果没有关于某数学实体的集合论，就无法说明某结构的特性描述是否一致与具有范畴性，无法为其先物结构主义提供有力辩护，而另一方面，如果他们诉诸数学实体的集合论，又会与其结构主义的基本立场相冲突。

夏皮罗试图借助"一致性"来挑选满足要求的公理系统。但这种一致性概念同样不能解释：借助公理系统的一致性所得到的结构是什么？与之相应的集合又是什么？语言学特性描述可以阐释在现实中不可能、而在物理上有可能得到表征的结构，但并不能因此认为这种结构的表征能确证与不具有物理表征的数学理论的任何结构相对应。

在数学实践中，真正需得到阐释的是被研究的数学系统与结构之间的关系。比如，在代数拓扑学中，某对象有可能是不同结构中的位置。该对象应置于哪一结构之中，这取决于数学实践的具体需要。数学的产生和发展都是自然的、动态发展过程，数学公理、数学定理以及数学理论本身并不需要任何新的诠释。在这个意义上，求解数学真理困境，就应揭示数学对象、结构与数学系统之间的整体关系，并给出与之相契合的认识论说明。

结构主义的初衷是遵循真正的数学实践，因而任何基于哲学上的考虑而设置的本体承诺并不值得坚守。换言之，在无须对数学本体做出任何先物承诺的情况下，结构主义仍可以符合真正数学实践的方式得到呈现。因此，可行的出路是：要么放弃对数学实践的忠诚，显然没有人愿意选择这样做；要么放弃先物结构主义的本体论立场，进一步反思数学结构的本质，为数学实践提供新的解释，如赫尔曼的模态结构主义，或者从数学本身出发，阐释结构主义的真义所在，如范畴结构主义进路。

第二节　基于"数学"的本体论退却

在普特南模态思想[①]的影响下，赫尔曼将模态逻辑与结构主义相结合，试图对算术、分析、代数与几何等数学理论进行重解，通过模态结构主义重塑数学。他强调，我们应避免对结构或位置进行逐个量化，而应将结构主义建立在某个域以及该域上恰当关系（这些关系满足由公理系统给出的隐定义条件）的二阶逻辑可能性上。[②]反对任何形式的本体论化归，以消除对任何数学对象的指称，因此其模态结构主义亦被称为消除结构主义（Eliminative Structuralism）。但以二阶逻辑与初始模态事实为基础，导致其理论实际建立在集合论之上，显然与结构主义初衷不符。此外，其对结构的模态中立主义态度，无法说明数学的可应用性，难以规避语义学难题。

① Putnam H. Mathematics without foundations. Journal of Philosophy, 1967, 64 (1): 5-22.
② Hellman G. Mathematics Without Numbers. New York: Oxford University Press, 1989.

一、模态结构主义的基本框架

模态结构主义的思想最初源于普特南的经典论文《没有基础的数学》（*Mathematics without Foundations*）（1967 年），在文中他详细阐述了模态结构主义方法的转换及发展，指出数学不应以任何特殊的数学理论为基础。他试图用模态逻辑的框架重塑数学，明确提出将数学可能性替代数学存在性的概念，从而解决有关假定最大全体的集合论悖论。其模态框架并不是要代替集合论基础，而是要用"在一个模型中满足"概念来阐明"数学可能性"。数学完全可以在没有任何特殊基础的情况下，得以保留和发展。在普特南的启发下，赫尔曼提出了模态结构主义的观点，试图在不依赖集合论的情况下，直接用模态结构主义来阐释算术、分析、代数和几何等数学理论。

在《没有数的数学》（*Mathematics without Numbers*）（1989 年）中，赫尔曼系统提出了模态结构主义的思想。与其他结构主义一样，模态结构主义也主张数学是关于结构的理论，在数学理论中重要的不是对象而是这些对象共同例示的结构。如对于自然数来说，其结构是指一些连续序列或者 ω 序列。算术是关于数列的理论，而不是处理抽象对象的某个特殊数列的基本原理。在结构的本体地位上，模态结构主义属于消除的结构主义，即反对任何形式的本体化归，试图消除对任何数学对象的指称，其中包括对抽象结构的指称。

1. 模态中立主义

通过一个表示（二阶）逻辑可能性的初始模态算子、前面加上模态算子的数学结构中的任何量词以及对二阶逻辑概括原则的限制，可以避免对可能对象、类或这种关系的承诺。尽管模态结构主义的逻辑基础也是二阶的，但它是一种模态逻辑。此外，通过使用布勒斯（G. Boolos）的多元量词以及通过将多元量词与分体论相结合而得到的关于个体有序数对的成果，基本可以断定，模态结构主义是一种"唯名论"学说。也就是说，人们无须提及具有特定关系的个体集合的可能性，而只谈及"某些个体"的可能性并且表明这些个体通过遵循特定条件的个体 BHL 数对的多元量化如何相互关联就足够了。在整个过程中，实际上没有引入任何抽象对象。通过反复使用相同的程序，人们可以获得基于一个原子命题的可数无穷性的典型多式三阶数论。如果假定原子命题连续统的可能性，那就可以上升到四阶数论。这一纲领在一般数学中非常有效，它可为大量的拓扑理论、测量理论以及其他抽象数学提出结构主义解释，无需对类和关系进行量化。一旦背景二阶逻辑得到确定，就可以在所讨论的特定数学理论上加入模态存在性假设。此外，超出三阶或四阶数论的理论，模态结构主义的进路同样适用。即使不使用二阶逻辑，也不必对类和关系，甚至模态下的类与关系的存在性进行承诺。特别是，集合论和范畴论的模态结构主义解释也是成立的。需要指出，赫尔曼的模态结构主义用"模态中立主义"（modal neutralism）而不是"模态唯名论"（modal-nominalism）来定位更为准确，因为他始终强调，对象的本质与数学是完全无关的。总之，模态结构主义的信条是"对象是有待抽象，而不是抽象对象"。①

　　赫尔曼的基本策略就是把普通的数学陈述转化为其模态结构主义形式。以算术的模态化为例，模态结构主义解释由假设（hypothetical component）和确定（categorical component）两部分构成。

　　2. 模态结构主义的假设部分

　　模态结构主义的假设部分就是模态结构主义转化模式，即在转化过程中使用一种模态化的条件句。具体来看，任何算术命题 S 都可以根据下面线路进行转化：

　　　　　　如果 X 是任何一个 ω 序列，那么 S 在 X 中成立。　　　　（2）

由于（2）中隐含着一个全称量词，这意味着对抽象对象或抽象结构进行了量化，这与模态结构主义的反柏拉图主义初衷相悖。为了避免这种情况，则需把（2）变为：

　　　　　　如果存在任何 ω 序列，那么 S 在它之中成立。　　　　（2′）

---

① Hellman G. Three varieties of mathematical structuralism. Philosophia Mathematica, 2001, 9 (3): 199.

其中"它"这个代词表明表观的存在量词的确是全称的。"如果存在"确保了模态结构主义期望表明的情况与"对任何（真实的）x，如果 x 是……"是不同的。对于后者而言，人们必须把有可能符合这种情形的每一个（真实的）内容作为理解它的前提。例如，"如果存在七条腿的马……"，与之相对的是"如果某物（任何存在的事物）是一匹七条腿的马……"。于是（2）具有下述外在逻辑形式：

$$\Box \forall X \, (X \text{是一个} \omega \text{序列} \supset S \text{在} X \text{中成立}) \qquad (2'')$$

其中的全称量词处于模态算子的范围之内。通过这一基本假设，模态结构主义的转化就会得到人们所期望的普遍性。

依据同样的方式，也可以给出模态结构主义的存在性假设。关于 PA（皮亚诺算术）解释的确定部分将断言：

$$\Diamond \exists X \, (X \text{是一个} \omega \text{序列}), \qquad (3)$$

而不是

$$\exists X \Diamond \, (X \text{是一个} \omega \text{序列})。$$

在（3）中的可能性完全是数学和逻辑意义上的，因此这里的背景模态逻辑是不包括贝肯公式的 $S\text{-}5$[①]。值得注意的是，模态结构主义解释在关于数学结构的真实存在性方面保持中立，即不存在把这种结构的实际指称作为对象的问题，从而有效规避"在我们与抽象结构之间没有关联的情况下，我们的语言如何能描述抽象结构"这种认识论难题。

同样需要强调的是，模态结构主义者并不对可能体（possibilia）进行量化，因而避免把模态转化模式扩展至"所有可能 ω 序列的全体"。这种全体是不合法的，任何 ω 序列的全体都可以构成一个新 ω 序列的基础，同任何集合的全体一样令人满意，比如，ZF 公理可以被扩张到一个更丰富的模型上。

在对任意算术命题进行模态化处理的基础上，进一步的工作就是对算术命题构成的要素进行形式化。一种选择是采用集合论语言，即根据集合

① 在 $S\text{-}5$ 中，所有的模态词都可以还原为无重复性的一些基本的短词列，从而无需用重复的模态词进行表达。

从属关系来表达"ω 序列""满足"或"成立"。于是（1）可以精确表述为

$$\Box\,\forall X\,(\,X\vDash\wedge\mathrm{PA}^2\supset X\vDash S\,), \tag{4}$$

其中"$\wedge\mathrm{PA}^2$"是（有穷多个）二阶皮亚诺定理的合取，这里"满足"（satisfaction）的定义是为了保障这些公理的模型是"满的"（full），即归纳公理中的二阶量词的量化范围是 X 定义域的所有子集[①]：

归纳公理：$\forall P[\{\forall x(\forall y(x\neq S(y))\supset P(X))\,\&\,\forall n(P(n)\supset P(S(n)))\}\supset\forall nP(n)]$（5）

此种选择的缺点在于，将模态转化完全变为在元语言学意义上进行，结构主义的计划成为模态集合论的一部分，这显然与模态结构主义的基本框架不符。

赫尔曼选择二阶逻辑作为其背景逻辑，利用数学理论的二阶公理化，即结构的单一类型可以通过有穷多个二阶公理表征为同构。由此可以直接用数学理论来表述模态结构主义解释 MSI[②]的假设部分。在皮亚诺公理系统中，记 $\wedge\mathrm{PA}^2$ 为有穷多个二阶皮亚诺公理的合取。（PA^2）中的命题 S 就可以写为

$$\Box\,(\,\wedge\mathrm{PA}^2\supset S\,) \tag{6}$$

（5）具有形式精简的优势，但仍存在问题。因为其中除了纯逻辑符号以外，至少还有一个表示后继的关系常量"S"。一方面，为了不像柏拉图主义者那样对常量 S 做任何本体论上的预设，另一方面免于完全落入模型论的框架之下（把 S 当作一个表示内涵的词，在不同的可能世界表示不同函数），赫尔曼的具体做法是在二阶框架下通过对关系进行量化来避免上述问题。如下述语句：

$$\Box\,\forall f\,(\,\wedge\mathrm{PA}^2\supset A\,)\binom{s}{f} \tag{7}$$

其中，二元关系变量 f 取代了上述条件句中的常量 S。然而（7）仍是关于元数学断言的一种先验图式。于是赫尔曼使用了一个类变量 X 以及对该变量的相关量化，并在公式中 $\Box$ 后加入一个全称量词 $\forall X$，则（7）变为下列形式：

[①] 这里的 X 是与解释二阶皮亚诺定理的判断（或函数）常量的某评估定义域相对应的域。

[②] MSI 是 the modal-structural interpretation 的缩写。

$$\Box \forall X \ \forall f \ [\wedge \mathbf{PA}^2 \supset A]^X {\binom{S}{f}} \tag{8}$$

这正是对 $\mathscr{L}(\mathbf{PA}^2)$ 的命题 A 的模态结构主义解释，记为 A_{msi}。

而对于 $\mathscr{L}(\mathbf{PA}^1)$ 我们可以用同样的方法来表述。A 是表示 $\mathscr{L}(\mathbf{PA}^1)$ 的一个命题，我们用三元关系变量分别替代 Σ 和 Π，则 A_{msi} 变为

$$\Box \forall X \forall \ f \ \forall \ g \ \forall \ h \ [\wedge \mathbf{PA}^{2+} \supset A]^X {\binom{S,\Sigma,\Pi}{f,g,h}} \tag{9}$$

（8）与（9）分别是 $\mathscr{L}(\mathbf{PA}^2)$ 和 $\mathscr{L}(\mathbf{PA}^1)$ 的模态结构主义的假设部分。假设部分完成了将一般数学语言向模态结构主义解释转化的表征部分，下面具体来看，模态结构主义转化模式如何对于数学实践中关于定理证明以及定理真假判定问题进行说明。

3. 模态结构主义的确定部分

赫尔曼模态结构主义的目标是：数学理论的模态结构主义解释必须在某些意义下等价于它们的初始状态。那么问题的关键就在于，如何理解"等价性"以及如何确立"转化模式"。

首先，需要考虑的是如何重新实现关于定理证明的实践。对于 PA 中的任何定理 T，如果关于 T 的证明实践已经在 PA 的标准公理系统中得到表征，则可直接得到 T 的模态结构主义解释 T_{msi}。基本步骤如下：

步骤一：采用一个二阶逻辑的标准公理系统，该公理系统包括完全的概括公式：

$$\exists R \forall x_1 \cdots \forall x_k [R(x_1 \cdots x_k) \equiv A] \tag{CS}$$

其中 x_i 是个体变量，R 在 A 中不是自由的，A 可以有参变量，但没有模态算子。根据（CS）可以从二阶归纳公理得到一阶归纳公理的所有例子。

步骤二：把转化模式应用到每一个 PA 的原始证明中，这样原始证明的公理就变为二阶逻辑的（必然性）公理。也就是说，如果 T 是（有穷多个）一阶公理的正确推理结论，那么在二阶逻辑与"$\Box$"的基本规则下可推出 T_{msi}。根据公理化模态逻辑的必然性规则，可以得到（CS）的必然性规则，其形式为

$$\Box \exists R \forall x_1 \cdots \forall x_k [R(x_1 \cdots x_k) \equiv A] \tag{$\Box$CS}$$

具体来看，在模态结构主义的解释下，重新实现数学定理证明的路径是：用适当类型的关系变量来代替 T 的原始证明中的所有关系常量；使用演绎定理来确保条件化过程的实施，得到

$$[\wedge AX \supset T]\binom{S,\Sigma,\Pi}{f,g,h}$$

其中 $\wedge AX$ 是用于推出 T 的那些公理的合取；用 $\wedge \mathrm{PA}^2$ 来代替前件；对 X 的量词进行相对化处理；对二阶变量进行全称概括，并使之变成必然命题。由此，普通证明仅仅是相对于任意域的自由变量的论证。

其次，转化模式的确立需要该模式的确定部分作为前提。该模式的确定部分是指" ω 序列是可能的"，如果没有这一组成部分，模态结构主义就会陷入"如果-那么主义"（if-thenism）。对于"如果-那么主义"的情况，假定一个实质条件句表征算术语句 A，形如：$\wedge \mathrm{PA}^2 \supset A$，同时假定恰巧不存在真实的 ω 序列，即上述条件句中的前件为假，则显然原始语言中每一个语句 A 的转化都会是真的。其结果是，整个转化模式会因其不准确性而遭到否定。因而对于模态结构主义，模式的确定部分是不可或缺的。基于此，赫尔曼选择以下形式作为其模态数学的一个基本论述：

$$\Diamond \exists X \exists f\,(\mathrm{PA}^2)^x\binom{S}{f} \tag{10}$$

该论述确保了 ω 序列这一概念的一致性，尽管这种一致性是人们普遍接受的，但它的确形成了数学实践中所隐含的不可或缺的"实际预设"。可以说，在算术的模态结构主义重构中，它是数论推理的根本出发点。

二、模态结构主义的辩护

赫尔曼模态结构主义的解释是通过对数学进行转化模式的处理而达成，因此其转化模式本身是否具有准确性和充分性，是该种解释需要回答的首要问题。他们需要证明：对于原始算术语言（ $\mathscr{L}(\mathrm{PA}^1)$ 或 $\mathscr{L}(\mathrm{PA}^2)$ ）中的任何语句 A，A_p 和 A_{msi} "在数学目的上完全是等价的"，其中"发现真理"就是一个数学目的。因此，转化模式的"准确性"意味着，在某种适当的意义下，A_{msi} 成立当且仅当 A_p 成立，也就是说，转化模式是保真的；

转化模式的"充分性"是指：转化模式适用于原始语言中的所有语句。

1. 转化模式的保真性

转化模式是否具有保真性，这一问题与何为真理标准有关。柏拉图主义者认为，真理就是"在标准模型（自然数模型或者集合论模型）中是真的"；模态结构主义者则认为，真理就是"在任何可能的模型中是真的"，即相关反事实条件句是真的。由于模态主义者并没有把关于反事实条件句的概念还原到模型论中，因此对反事实条件句使用的真理概念仅仅是去引号的。在模态主义者看来，根本不存在（现实的）标准模型，所有柏拉图主义的数学语句在严格意义上都是假的。可以用 A_{msi} 代替 A_p，但二者并非真正等价。严格意义上模态主义不可能接受"A_{msi} 成立当且仅当 A_p 成立"，而柏拉图主义也拒绝模态的概念。

在评价转化模式是否具有保真性时，模态主义和柏拉图主义者采用完全不同的框架。那么在哪一框架中，可以表明转化模式的准确性呢？一种可能是，希望定义一个共同的核心系统和双方都接受的一系列原则，然后在这个框架中完成等价性证明。但是这是不可能实现的。可能根本就没有一个系统，既能够证明 A_p 和 A_{msi} 在数学上等价，又完全包含两种观点都接受的假设。面对这种情况，赫尔曼的策略是：接受柏拉图主义与模态主义之间的这个僵局，让每一个系统都分别拥有其自身的假设。如果柏拉图主义者能够充分理解模态主义者，在柏拉图主义的框架下证明等价性，那么至少可以在数学上消除柏拉图主义对模态结构主义解释的反对。需要强调的是，如果模态结构主义的转换模式在哲学上令人满意，那么它至少能够包含其自身的内在证明。也就是说，人们至少从内部必须有能力辨别原始命题的真值，否则会导致模态主义本身在方法论的不可靠性。

根据柏拉图主义式的外在观点，转化（8）和（9）中除了模态算子的问题以外，还有其他问题：如果一个原始算术命题 A 在集合论等标准模型中成立，则 A_{msi} 也在其中成立。可以把□后面的部分称为 A_{msi}^{-}，它仅仅是二阶逻辑中一个真理或假命题（相对化处理）。A 要么在标准模型 N 中成立，要么不成立。如果 A 在 N 中成立，由于 PA^2 中所有满模型都是同构的，则 A 在所有的结构中都成立；如果 A 在标准模型中不成立，那么 A 在 PA^2 的所有满模型中也不成立，即不仅 A^-_{msi} 是假的，而且（$\sim A$）$_{msi}$ 是真的。当然，由于这里预设了 N 的存在，柏拉图主义者会主张"并非 A^-_{msi} 和（$\sim A$）$^-_{msi}$ 同时成立"。因而柏拉图主义者认为，在使用标准模型的理论推理时，除了模态算子外，转化模式是完全二值的，且具有保真性。但这里唯一缺少的是关于模态算子的解释。

2. 转化模式的等价性

我们知道，逻辑数学模态的预设为 S-5 公理系统提供了支持，而且在模态转化中，所有相关的条件在条件句的前件中得到了明确陈述。也就是说，在判定反事实条件句的过程中，不必依靠其他因素不变的条件，也不必依靠可能世界中的任何相对的相似性概念。这些反事实条件句遵循严格蕴涵的原则，因而与日常或因果反事实条件句具有显然的差别。众所周知，后者（即因果反事实）对关于"相关背景条件"的假设非常敏感，且这种敏感性在为这些背景条件提出一种语义学或真理理论时引发了深层问题。但对数学反事实条件句而言，情况完全不同。柏拉图主义者可能通过为所讨论的模态提供一种集合论语义学解释，对其做出合理说明，而无须给出集合从属关系之外的额外机制。但这实际上是把一种从模态转化转回到集合论语言去。事实上，模态结构主义已经为逻辑模态提供了一种恰当的语义学解释。根据这种语义学，某一给定类型的模型论结构表示可能世界，该结构建立在一个给定的确定域上。由于这种结构的可能性与所讨论的逻辑可能性概念具有同样的种类，因此人们会把它作为"初始语义学"（primary semantics），其中给定域上某恰当类型的（集合论意义上可能的）所有结构，都被假定为处于该模型结构所组成的世界集合中。

在上述初始语义学的基础上，赫尔曼约定，对于高阶量词的量化范围，非模态数学语言的结构（相关世界）本身是满的。①因此，所有世界都是相

① 这类模型结构被称作是满的，这里的满不能与 PA 的二阶非模态语言的模型的满混淆，这种满必须处理二阶量词的量化范围是否是定义域的满幂集。

互可达的。总之，一个基于 $\mathscr{L}(\mathrm{PA}^2)$ 的二阶量化模态语言 $\mathscr{ML}(\mathrm{PA}^2)$ 中的模态命题 S，只有当它在某给定无穷域上所有满的自由模型结构中的所有指派下都成立时，才是有效的或在逻辑上是真的。其中，这种模型结构的世界都是满的二阶结构。根据这种语义学，可以把 $\mathscr{L}(\mathrm{PA}^2)$ 的语句 A 与它的模态翻译 A_{msi} 之间的关系表示为

PA^2 在逻辑上蕴涵了"A 当且仅当 A_{msi}"是一条模态逻辑真理。 （11）

上述逻辑蕴涵的左边仅仅是关于满的二阶非模态逻辑的一般模型论概念，右边的逻辑真理只是为了引入模态语句才有的概念。二者的联系为模态结构主义的定义提供了基本依据。（11）给出了柏拉图式的等价性定理（equivalence theorem），它与二阶非模态的蕴涵结果共同表明，模态结构主义转化模式是准确和充分的。

三、模态结构主义的困境

赫尔曼的模态结构主义为规避对特殊的结构对象做出本体论承诺，提出其消除的结构主义进路，为如何认识数学提供了较为合理的解释。然而这种基于公理系统本身一致性的主张，所付出的代价是数学提供一种特殊的语义学解释，它不可避免要面对贝纳塞拉夫的语义难题，即如何为数学与科学提供一种一致的语义学。这意味着，我们应当立足于数学与科学的实践，为数学的本质提供一种恰当的解释，它既可以说明数学自身的真理性，还可以充分揭示数学不可思议的有效性。

1. 二阶逻辑的预设问题

模态结构主义的理论框架是建立在模态逻辑与二阶逻辑之上的。在赫尔曼看来，通过一个表示二阶逻辑可能性的初始模态算子、数学结构中含有模态算子的量词以及对二阶逻辑概括原则的限制，可以避免对可能对象、类或这种关系的承诺。一旦背景二阶逻辑得到确定，就可以在所讨论的特定数学理论上加入模态存在性假设，这对于超出三阶或四阶数论的理论同样适用。因此，赫尔曼的模态结构主义用"模态中立主义"而不是"模态唯名论"来定位更为准确。他始终强调，对象的本质与数学是完全无关的，

"对象是有待抽象，而不是抽象对象"。①

但是，二阶逻辑本身的合法性很大程度上依赖于集合论的发展。在二阶逻辑的语义学中，连续统假设、良序公理是否二阶有效等问题都实质上是集合论问题。蒯因就曾指出，二阶逻辑实际上披着"集合论"的外衣，其中涉及"集合"的讨论，在论题上没有中立性，而逻辑应该在论题上保持中立，即它的有效性不应依赖于某些特殊的数学对象如集合的预设性质。显然，二阶逻辑在论题上的特殊性与模态结构主义的"模态中立"宗旨是相冲突的。秉承普特南的思想，模态结构主义的最初动机是用数学可能性替代数学存在性的概念，回避对数学实体的本体论承诺。进一步用"在一个模型中满足"概念来阐明"数学可能性"，使数学完全可以在没有任何特殊基础的情况下得以保留与发展。然而，对二阶逻辑的依赖导致模态结构主义无法做到脱离对数学的集合论化归。

2. 初始模态事实的预设问题

赫尔曼模态结构主义转化模式是以公理系统的一致性为基础的，它强调数学理论的真是"任何可能模型中的真"而非"特定标准模型中的真"。这意味着，其理论依赖于模态假设，即某一给定类型的模型论结构表示可能世界，该结构建立在一个给定的确定域上。这导致其面临一个潜在问题：一个理论的一致性就是指它在集合论域中具有一个模型。比如，如果假定了皮亚诺公理系统的一致性，就要承认"存在无穷多个素数"等存在性断言是皮亚诺公理的推论。这就是说，皮亚诺公理一致性意味着隐含了某一特定数学对象的存在，即一个集合论模型的存在。其结果是，模态结构主义在本体论上也要承担与柏拉图主义相同的负累。当然，模态结构主义者反对将基于一致性的模态说化归为基于集合论模型存在的非模态说。但他们有必要说明的是，如果基于公理系统一致性的初始模态事实不能化归为集合的非模态事实，那么这些初始模态事实究竟是什么？如果承认这种初始模态事实的存在，那么模态结构主义者也必然要面临类似于贝纳塞拉夫

---

① Hellman G. Mathematics Without Numbers. New York: Oxford University Press, 1989: 199.

的认识论挑战，即人们如何能获得关于初始模态事实的认识。

3. 数学的可应用性问题

模态结构主义观点提供了一种关于公理化数学理论的理解，这种理论为其中的基础概念语境做出定义，比如，自然数的皮亚诺公理将符合系统中任意对象的公理系统称为一个自然数系统。比如，当一个数学家在某一数论的语境下做出语句"存在无限多个素数"，将被理解为称"如果$(0，N，s)$是一个自然数系统，则在 N 中存在无限多个素数。"模态结构主义者主张用"初始语义学"来说明数学命题的真理性，即使用在满足公理的任意对象系统中为真的断言或能从理论的公理中逻辑推出的断言取代关于特定数学对象真理的直观断言。在纯数学理论语境中做出这种断言是合理的，但是在纯数学之外，即在科学与数学的混合情形中如何说明数学对象的真理性呢？比如，当人们说出语句"行星的个数是 9"时，不可避免要对数字"9"进行直接指称，该语句中对数字单称词的指称是不能从数学公理中推出的。而该语句显然不是皮亚诺公理的结论，皮亚诺公理不会告诉我们任何关于行星的信息。因此如果想要用模态结构主义观点来回避认识论难题，就必须要说明"行星的个数是 9"这一语句的真理性依据何在？也就是说，"初始语义学"除了适用于数学命题以外，是否可以用来解释经验命题？是否可以合理解释数学与经验混合命题的含义？

4. 模态重解的动机及可行性

赫尔曼的模态结构主义试图用模态理论来重解全体数学，并说明模态结构主义数学与原有数学的等价性，用同等方式对待集合与全域 V，分析与实数域 $\mathbb{R}$，算术与自然数系 N。其动机并不是要代替 ZF 集合论基础，而是要试图在不依赖 ZF 集合论的情况下，直接用模态结构主义来阐释所有的数学理论。比如，普特南指出，并不是说费马最后定理对于现实的自然数是真的，而是说，对于以自然数彼此联系的方式彼此关联的每一个可能的对象系统，费马最后定理必然成立。[①]蒯因对此策略表示反对，在其关

---

① Putnam H. Time and physical geometry. Journal of Philosophy, 1967, 64 (8): 240-247.

于本体论的经典论文（1948年）中提出，"模态逻辑搭建了一个'可能性的贫民窟'，使之成为无序元素的温床"。[①]因此，模态逻辑只是混淆了本体论论题，没有真正回避本体承诺，而只是把它变得更为复杂。

赫尔曼对于模态结构主义有另外的动机。他坚信专注于可能性而不是现实的对象，将推进数学的创造性："数学是通过（或多或少）严格推演的方式对结构可能性的自由探索。"[②]但在数学实践中，产生创新性工作的真实情况并非如此。比如，康托尔在取得关于超限数理论这一伟大成就时就不只是认为它们是可能的。相反，他坚信"数学是现实或存在的……因此它们以特定方式影响我们的心灵实体"。[③]纵观数学的历史发展，数学创造性的途径历来都是通过特定的数学需要和成就而来，它应该一直都是这样，而不仅仅是思想的可能性。

事实上，对于任何一种基础的过度依赖，都会阻碍数学实践中创造性成果的产生。正如麦克莱恩（S. Mac Lane）给出的忠告，"任何确定的基础都会阻碍从新形式的发现可能得来的创新性"。[④]这不仅适用于任何的确定基础主义，对于模态结构主义亦是如此。数学家不可能只是通过称目前的想法是可能的而非现实的来发现新的思想，也不会认为任何这种可能系统或结构是现实的。在真正的数学实践中，没有数学家会去怀疑他所处理的数学对象不是现实的，尽管这些对象与中等大小的物理对象截然不同。模态结构主义对数学的模态重解除了将把原本清晰的数学理论复杂化，对数学实践本身并没有提供任何新的贡献。因此，要澄清结构主义的本质，揭示数学对象的本性就应从真正的数学实践中来，也就是说，我们应考察数学家们是如何在数学内部开展研究的。正如麦蒂所言："所有第二哲学家的动机都是方法论的，即那些产生好科学的东西……她不是'像当地人'那

① Quine W V. On what there is. The Review of Metaphysics, 1948, 2 (5): 23.
② Hellman G. Mathematics Without Numbers. New York: Oxford University Press, 1989: 6.
③ Cantor G. Gesammelte Abhandlungen mathematischen und philosophischen Inhalts. Berlin: Verlag von Julius Springer, 1932, 131 (3308): 418-419.
④ Mac Lane S. Mathematics: Form and Function.New York: Springer-Verlag, 1986: 455.

样谈论科学的语言；她就是当地人。"①

第三节　基于"数学"的范畴结构主义实在论进路

在 20 世纪 30 年代著名代数学家诺特（E. Noether）结构化方法的影响下，麦克莱恩与艾伦伯格（Eilenberg）于 1942～1945 年先后给出自然同构（natural isomorphism）（Eilenberg，Mac Lane，1942a）、函子（Eilenberg，Mac Lane，1942）与范畴（Eilenberg，Mac Lane，1945）的数学概念，在他们看来，"在元数学的意义上，我们的理论提供了可用于所有数学分支的一般概念，因此有助于推进将不同数学学科进行统一处理的当前趋势"。②在其后几十年间，以上述概念为基础，他们确立了数学的结构理论，成为代数、几何、拓扑等结构数学的标准数学框架。需要指出的是，麦克莱恩与艾伦伯格的结构理论产生于数学实践本身，而不是出于任何哲学的考量。直至1963 年艾伦伯格的研究生劳威尔（W. Lawvere）用范畴论来描述自然数以及函数几何等基本数学，范畴结构主义作为一种结构主义进路才进入哲学视域。

范畴结构主义的核心思想是：数学结构完全是由它们彼此之间的结构关系，具体而言是通过结构之间的映射或态射得到定义的。目前有两种范畴结构主义，初等集合范畴论（Elementary Theory of the Category of Sets，ETCS），与作为一种数学基础的范畴之范畴（Category of Categories as a Foundation for Mathematics，CCAF）。这两种范畴结构主义都深受劳威尔的影响。ETCS 作为数学的公理化基础，是由劳威尔 1965 年首先给出的。这一版本的范畴结构主义称所有数学都是处理集合的且集合是在结构的、范畴的形式下得到公理化。只要数学没有使用很多不同种类的结构，ETCS

---

① Maddy P. Second Philosophy: A Naturalistic Method. New York and Oxford: Oxford University Press. 2007: 308.
② Eilenberg S, Mac Lane S. General theory of natural equivalences. Transactions of the American Mathematical Society, 1945, 58 (2): 236.

公理作为初等数论、代数、微积分，包括最前沿的微分方程理论的基础是非常充分的。CCAF 则使用了劳威尔 1966 年给出的公理。这种版本的范畴结构主义承认存在许多不同的范畴，更直接地适用于不同代数或几何结构的深入论题。麦克莱恩主张 ETCS，而劳威尔自己则支持 CCAF。这两个版本的范畴结构主义都认为，任何数学基础都不可能满足未来所有的数学发展，但现有基础就是目前最好的基础。范畴结构主义最初出现并不是以哲学为目的的，并没有附带任何一种特定的哲学本体论，但我们仍可以通过对范畴本质的反思，呈现其基本的本体论态度。

一、范畴的实在性

与其他结构主义进路一致的是，范畴结构主义也主张数学的本质是结构，但进一步主张结构的本质是范畴。劳威尔认为 ETCS 和 CCAF 以及其他的范畴都是实在的，不像模态结构主义那样仅认为它们是可能的。集合的范畴、范畴的范畴，甚至是人们还未想到的范畴等都是实在的。①

19 世纪结构主义数学家戴德金主张，我们在数学中通过构想得到新的对象："我们不可否认地具有创造能力，不只是在物质事物（电报与铁路等），更特殊的是在思想事物上。"②其后结构主义者通常都赞同，我们通过构想这些对象来创造他们的结构，但在描述我们如何操作时有不同的方式。20 世纪 30 年代麦克莱恩在德国研究数学时，深受希尔伯特哲学与盖格（M. Geiger）现象学的影响，他把形式与结构作为同义词，并做出这样的总结："基于思想……实在世界根据多种不同的数学形式得到理解……"③但对他而言，这些思想不是像柏拉图的理念那样，它们通常是不完美的，甚至数学思想在最初引入的时候可以是含糊和晦涩难懂的。因此，他认为"数学是正确的，但不是真的"。④这意味着"数学不做出本体论承诺"。⑤

① McLarty C. Exploring categorical structrualism. Philosophia Mathematica, 2004, 12 (1): 43-44.
② Fricke R, Noether E, Ore Ö. Richard Dedekind Gesammelte Mathematische Werke. Braunschweig: Vieweg & Sohn，1932.
③ Mac Lane S. Mathematics: Form and Function.New York: Springer-Verlag, 1986: 441, 444.
④ Mac Lane S. Mathematics: Form and Function.New York: Springer-Verlag, 1986: 443.
⑤ 同④。

不做出本体论承诺，并不意味着他否认数学的实在性，麦克莱恩坚信数学不是心理学或主观性的，而是客观正确的，并且能正确地应用于物理测量。但回避本体论承诺而选择对数学陈述进行"正确"与"真"的区分，这实际上是把情况变得更为复杂。由于他承认正确的数学能够具有真的物理应用，那么他有必要说明在"正确"与"真"之间的本质区别是什么。

劳威尔主张正确的数学就是真的。他赞同黑格尔与马克思的哲学，坚持认为，所有知识都是辩证地得到发展。数学与经验科学不是一回事，与哲学也不是一回事，但却是与它们共同发展而来的。回顾过去 150 年来数学的真实发展过程，他总结道："通过对集合与映射思想的持续考察，"数学家们发现了许多事情。特别是，他们发现人们可以推演得到一些陈述，并称之为公理；且经验表明这些陈述足以推演绝大部分其他的（关于集合与函数的）真陈述。①在他看来，这些关于集合与函数的陈述对于真正的集合与函数是真的。因为数学真理与实在和所有的真理与实在一样：永远不会仅仅是经验的或是柏拉图式的，它们通过科学的进步辩证地被发现。②

麦克莱恩与劳威尔都承认数学对象的实在性，认为即使在逻辑学家为数学对象创造任何形式的基础之前，它们都是存在的。二者的分歧在于，麦克莱恩把集合作为空间和代数结构以及其他结构的基础，认为数学应该全部围绕集合范畴得到组织；而劳威尔则认为许多其他的范畴结构与集合范畴结构一样基础。因此，集合、集合范畴与范畴之范畴对于范畴结构主义哪一个更为基本，成为探究范畴论结构主义本体论特征的关键点。

① Lawvere F W, Rosebrugh R. Sets for Mathematics. Cambridge: Cambridge University Press, 2003.
② Lawvere F W. An Elementary theory of the Category of Sets. 1964// Lecture notes of the department of Mathematics. University of Chicago. Reprint with commentary by the author and McLarty C. in Reprints in Theory and Applications of Categories, 2005. http: //138.73.27.39/tac/reprints//articles/11/ tr11abs. html.

二、集合、集合范畴与范畴之范畴

历史地看，远在戴德金和康托尔等数学家确立集合论基础之前，数学家们就已发现大量代数和几何理论，包括实微积分和复微积分。在关于实数的 ZF 集合论定义给出很久之前，黎曼就已发展了大量的拓扑、复分析以及弯曲空间的微分几何学。诚然，我们不会仅因为一些数学成果的出现在时间上先于 ZF 集合论，就将其作为否认 ZF 集合论基础地位的理由。事实上，相较于 ZF 集合论，范畴论的确立时间更晚。在数学实践中，也没有数学家会否认 ZF 集合论是数学强有力的组织工具。但需要明确的是，集合范畴并不比其他范畴更为基本。①20 世纪 50 年代在劳威尔还是一名学生时就发现，数学研究中使用了许多不同的范畴，那些范畴太大以至于不能作为 ZF 集合来处理。基于这些历史与逻辑原因，我们认为将 CCAF 作为范畴结构主义的恰当理论框架是合理的。

贝纳塞拉夫 1965 年在其著名论文《数不可能是什么》（*What Numbers Could not Be*）中，将矛头直指集合论的多重基础问题。在 ZF 集合论中，同一自然数比如 2，可化归为两种形式，其策梅洛集合形式为{{Ø}}，而冯·诺依曼集合形式为{Ø，{Ø}}。究竟哪一个表示了真正的自然数呢？自然数的集合论处理会导致一些矛盾的结果。可以说，这正是开启当前数学哲学中结构主义的主要动因。但如前所述，先物结构主义、模态结构主义都支持二阶逻辑，因而对集合论有着直接或间接的依赖，范畴结构主义则强调在元数学的意义上范畴是比集合更为基本的概念。下面我们不妨以自然数结构为例，阐明范畴论如何在不引入任何特殊集合的前提下，给出自然数的结构。

与 ZF 集合论解释相反，劳威尔首先在 ETCS 中定义自然数如下②：

定义 1 一个自然数对象即一个集合 N，一个函数 $s: N \to N$，一

---

① McLarty C. The uses and abuses of the history of topos theory. British Journal for the Philosophy of Science, 1990, 41 (3): 351-375.

② 实际上是戴德金（1888 年）关于自然数归纳函数定义的定理 126。

个元素 $0 \in N$，使得对于任意集合 S，函数 $f: S \rightarrow S$，以及元素 $x \in S$，都有一个唯一的函数 $u: N \rightarrow S$，其中 $u(0) = x$，且 $us = fu$（图 6）。

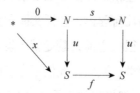

图 6　ETCS 自然数定义箭头图

u 是 S 中的一个序列，其中 $u(0) = x$，$u(s0) = f(x)$ 且 $u(ss0) = f(f(x))$，依此类推。数学实践中，数学家们都是用这种方式定义某集合 S 中的序列，而几乎没人使用 ZFC 中的冯·诺依曼数或策梅洛数。

定义 1 表明了如何根据自然数集合 N 与其他集合之间的函数定义自然数的集合 N。基于数学基础的严格性，我们不妨进一步说明集合范畴论如何定义一个单元素集 1。

定义 2　一个单元素集 1 是一个集合，它满足对于每一个集合 S 都有且仅有一个函数 $f: S \rightarrow 1$。

直观上讲，一个单元素集 1 只有一个元素，每一个集合 S 有且仅有一个到 1 的函数。因为这个函数必须把每一个 S 中的元素都变为 1 中唯一的这个元素上。不难看出，定义 2 是纯粹结构上的，它不讨论 1 的元素，而仅说明 1 如何与所有集合有关。任何包含 ZF 集合论的集合论都主张，一个集合 S 中的每个元素 $x \in S$ 都确定了一个唯一的函数 $x: 1 \rightarrow S$，它挑选出那个唯一的元素。为了实现纯粹的结构化，ETCS 只是表明了元素 $x_1 S$ 是函数 $x: 1 \rightarrow S$。

定义 1 表明 $0 \in N$，因为 0 是一个函数 $1 \rightarrow N$。将后继函数作用到 0，则得到 $s0 \in N$。再将 s 作用到 $s0$ 上则得到 $ss0 \in N$，以此类推。我们写作 0，1，2，3，…，而不是 0，$s0$，$ss0$，$sss0$，…（图 7）。

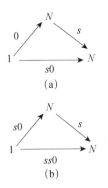

图 7 自然数后继关系箭头图

结构主义的核心主张是，我们不单个列举 0，$s0$，$ss0$，而只通过函数 s 将他们联系起来。另有 ETCS 公理表明存在其他的集合。由此可见，ETCS 公理足以成为大部分算术、分析与几何的基础（Lawvere，1964；Leinster，2014）。但需指出的是，所有集合的范畴不是 ETCS 的现实对象。这与 ZF 集合论一样，后者描述所有集合的域，而该域并不是 ZF 中的现实对象。

当前某些数学分支已在使用和探讨集合范畴 **Set** 或拓扑空间范畴 **Top** 这类大范畴。如集合范畴，记为 **Set**，将集合作为对象，函数作为箭头；拓扑空间范畴，记作 **Top**，把拓扑空间作为对象，连续函数作为箭头；群范畴，记为 **Grp**，把群作为对象，把群同态作为箭头。目前这些不同范畴已成为组织不同种类结构的方便途径。

范畴论不仅局限于刻画某特定数学领域的内部结构，更重要的是，通过范畴间的函子它可以把不同种类的结构关联起来。比如，拓扑学家可以通过考察第一同调群 $H_1(S)$ 研究拓扑空间 S。[①]$H_1(S)$ 的代数揭示了有关 S 几何的信息。对于每一个连续函数 f：$S{\to}T$，都有一个群同态 $H_1(f)$：$H_1(S){\to}H_1(T)$。拓扑空间范畴到群范畴存在一个同调函子：H_1：**Top**$\to$**Grp**。它把每个空间 S 变为 $H_1(S)$，把每个连续函数 f：$S{\to}T$ 变为群同态 $H_1(f)$：$H_1(S){\to}H_1(T)$。把 **Top** 作为一个空间与函数的网络。函子 H_1 将该网络转换为 **Grp** 中的群与同态形成的网络。该函子承接了空间中的所有拓扑关

① MacLarty C. How grothendieck simplified algebraic geometry. Notices of the American Mathematical Society, 2016, 63 (3): 256-265.

系，并将这些关系描述为群之间的代数关系。其他更高维的同调函子 H_n (S) 描述拓扑与代数之间更为深入的关系。通过这种做法，解决某些拓扑问题的难度被大大降低。

进一步地，函子间可复合。我们可以对任意函子 F: **Set**→**Top** 与 H_1 进行复合，得到一个从 **Set** 到 **Grp** 的函子 H_1F（图 8）。

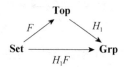

图 8　**Set**、**Grp** 与 **Top** 之间的函子复合关系图

基于此，**Set**、**Grp**、**Top** 以及其他的一般范畴是某更大范畴的对象，该更大范畴具有函子作为箭头。如果仅止步于把 ZFC 或 ETCS 作为终极数学基础，就会导致无法说明为什么不存在所有集合的集合，也不存在所有集合的范畴 **Set** 以及所有 **Grp** 或所有 **Top** 这类范畴。尽管目前出现许多集合论方法如用格罗腾迪克域①来替换这些范畴，但实际情况是几乎没有数学家愿意如此深入的思考集合论。

在没有给出任何逻辑基础的情况下，数学家们仍在探讨上述大范畴以及函子的相关工作。对于数学而言，真正重要的其实是范畴之间的函子网络。基于这一发现，劳威尔给出了逻辑上正确的相关公理，这些公理直接用范畴论术语描述上述模式，因此被称为 CCAF 公理，即作为一种基础的范畴之范畴。②CCAF 并不依赖集合论或任何特定理论来定义范畴或函子，无须预设任何对象的集合或箭头的集合，而只通过描述范畴之间的函子网络来揭示范畴之间的纯结构关系。

具体来看，CCAF 公理分别给出了单元范畴与由两个对象构成的范畴公理。

① MacLarty C. What does it take to prove Fermat's Last Theorem?Grothendieck and the logic of number theory. Bulletin of Symbolic Logic, 2010, 16 (3): 359-377.

② Lawvere F W. The category of categories as a foundation for mathematics//Eilenberg S. et al. Proceedings of the Conference on Categorical Algebra. La Jolla 1965. NewYork: Springer-Verlag, 1966: 1-21.

CCAF 公理 1：*存在一个范畴 1，使得每个范畴 A 有且仅有一个函子 1→A。我们称之为单元范畴。*

范畴 **1** 有且仅有一个对象，这与只具有一个元素的 ETCS 集合 1 一样。形式上，定义某范畴 A 中的一个对象为一个函子 A：**1**→A。这就像定义某 ETCS 集合 S 中的一个元素 x 为一个函数 x：1→A。

CCAF 公理 2：*存在一个范畴 2。该范畴有且仅有两个对象，有且仅有三个函子。*

范畴 **2** 具有两个对象和三个箭头：两个对象分别是 0 和 1，对象 0 与 1 是函子 0：**1**→**2** 与 1：**1**→**2**；箭头分别是 0→1 以及到 0 与 1 的单位箭头，即 **2** 上的单位函子 **2**→**2**，把 **2** 中所有东西都变为 0 的函子以及把所有东西都变为 1 的函子。这些函子是 0：**2**→**1**→**2** 与 1：**2**→**1**→**2** 的复合。形式上，CCAF 定义某范畴 A 中的箭头 *f* 为一个函子 *f*：**2**→A。因此根据定义，在定义的范畴 **2** 中只存在三个箭头，这三个箭头对应于 **2**→**2** 的三个函子。直观来看，一个函子 *f*：**2**→A 把箭头 α 映射到范畴 A 中，以挑选出一个 A 的箭头 *f*。A 中的箭头 *f* 是一个从 **2** 到 A 的函子。范畴 **2** 中对象与箭头的关系（图 9）如下。

$$0 \xrightarrow{\ \alpha\ } 1$$

图 9　范畴 **2** 中对象与箭头的关系图

在此基础上，其他 CCAF 公理断言其他范畴的存在。特别是，我们通常使用这样一条公理，该公理表明一个范畴存在，该范畴的对象与箭头满足 ETCS 公理。我们可称该范畴 **Set**。用这种方式 CCAF 可使用范畴集合论的所有结论，同时具有远大于集合的范畴，比如 **Grp** 与 **Top**。需要指出，不存在最大范畴，任何范畴仍可作为另一个范畴的对象，因此所有范畴的范畴并不存在，不能将其作为 CCAF 的一个对象。

对于函数 x:1→A 能否真正成为集合 A 中的一个元素，一个函子 *f*:**2**→A 能否真正成为 A 中的一个箭头，仍存有争议。一些哲学家认为集合的元素必须出现在函数之前，范畴的箭头必须出现在函子之前。但结构主义的根本宗旨是，我们并不试图说明事物究竟是什么，而只是说明事物如何彼此关联。ETCS 与 CCAF 的定义将对象与函子彼此关联起来，就像元素与函数在集合论基础中彼此关联的方式一样。但与 ZFC 情况不同的是，ETCS 与 CCAF 公理的焦点完全放在结构关系上。反映数学家们如何真正在其工作中关注结构关系，正是劳威尔给出上述公理的主要动因。

正如阿沃第（S. Awodey）对范畴的描述，"范畴为给定的数学结构提供了一种表征和描述的方式，即在具有所讨论的结构的数学对象之间映射的保存方面。范畴可以理解为包含具有某种结构的对象以及保有该结构的对象间的映射"。[①]

三、同一性、同构与相对于范畴的同构

强调数学的本质在于结构，这一宗旨是无论从哲学立场出发的先物结构主义和模态结构主义还是从数学实践产生的范畴结构主义都一致坚持的。数学对象就是数学结构，认识数学对象的方式就是揭示其结构特征。揭示数学结构之间保持结构的过程，以及何为同构是所有结构主义所共同关注的核心。需要指出，对于任何结构主义者而言，同构完全揭示并体现了数学的基本信息，因而无须探究特定数学对象的同一性。在这个意义上，将同构等同于同一，进而对结构主义提出的批判并不合理。

范畴论对同构的一般定义可概述为：一个不起任何作用的态射，两个解除彼此作用的态射。该定义由艾伦伯格与麦克莱恩给出：在任何范畴中，每一个对象 A 具有一个单位态射 $1_A: A \rightarrow A$，由以下性质得到定义：它与任何一个从 A 或到 A 的态射复合，只是留下那个态射（图 10）。

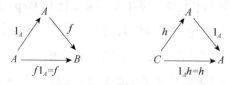

图 10　单位态射性质图

———————
① Awodey S. Structuralismin mathematics and logic: A categorical perspective. Philosophia Mathematica, 1996, 4 (3): 212.

把 1_A 看作什么都没有做。于是,态射 f 是一个同构,当某个态射 $g:B\to A$
有复合态射 gf 等于 1_A: $A\to A$,且复合态射 fg 等于 1_B: $B\to B$(图 11)。
此处 f 与 g 彼此解除。

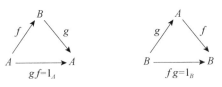

图 11　同构的定义

范畴论对同构的定义统一了许多传统的同构定义,如模型论中模型的
基本嵌入被看成是态射。需注意的是,同构定义尽管是一般性的,但同构
都是相对于某个范畴而言的,这一点在数学实践中非常重要。不妨考虑下
述三个著名论断:

（1）椭圆曲线都是环面。

（2）环面都彼此同构。

（3）椭圆曲线不是都彼此同构。

上述论断最早在 19 世纪 70 年代就被提出,在数学上都是正确的。但显然
的是,其中蕴含了矛盾。出现矛盾的原因在于,人们混淆了不同范畴中的
同构,因此可将上述陈述修改如下:

（2′）环面都彼此拓扑同构（在拓扑空间范畴中同构）。

（3′）椭圆曲线不是都彼此分析同构（在复流形范畴中同构）。

魏尔斯特拉斯（K. Weierstrass）1863 年在分析中对椭圆曲线进行了分类。
其分类依赖于黎曼 1851 年的发现,而黎曼的发现表明这些曲线在拓扑上都
是等价的。尽管黎曼与魏尔特拉斯认识到拓扑中的同构与分析中的同构存
在差别,远在范畴论出现之前,但数学家们至今仍必须严格、谨慎地处理
这些差别。不仅只是在拓扑与分析中对同构进行区分,而应在不同数学分
支中使用与之相关的同构,显然范畴论是满足这一需求的简便方式。

仅依据单位态射与两个态射的复合而给出的范畴论同构定义可适用于

任何数学。但在不同的范畴中，同构是各范畴中的同构，更不能把不同范畴中的同构视为是同一的。比如，对于自同构①来说，许多数学结构 S 具有不同一的自同构。也就是说，它们具有到自身的同构 $S \xrightarrow{\sim} S$，不同于其单位态射 $1_S : S \xrightarrow{\sim} S$。但这对结构主义能构成挑战吗？回答是否定的，我们不妨通过下例说明。

所有结构主义者都承认复共轭是复数 C 中的一个自同构。复数记为 $a+bi$，其中 a，b 为实数，复单位 i 定义为 $i^2=-1$。共轭把任意 $a+bi$ 变为 $a-bi$。换句话说，它固定了任意实数 a，b 不变，而把 i 变成了 $-i$。当然也有 $(-i)^2=-1$。一个自同构应该保留所有的结构性质不变，但共轭把 i 变成 $-i$，反之亦然。这表明了，即使 $i \neq -i$，但是二者在结构上同一，因此结构主义者不能对它们进行区分。关键的问题是，结构主义者应该有必要或者有能力对它们加以区分吗？

在实践中，数学家们对上述问题有严格的解答，尽管他们不是出于哲学的需要。称共轭是 C 中的一个自同构，这一论断过于简化。在某些语境中，复共轭是复数中的一个自同构，在其他语境中则不是。代数中称共轭是 C 的一个自同构，这在复分析中不成立。相反，复分析中称对于每个复数 z_0，都有一个 C 的自同构把每个 $z \in C$ 对应到 $z+z_0$，这一点在代数中则不成立。实际上，代数学家与分析学家都能达成共识，因为他们通常是同一批人。而在代数与分析中都在使用关于 C 的代数与分析事实。代数学家在实代数范畴与代数同态中考察 C。复共轭是该范畴中的一个态射，也是它本身的逆。加上一个常量 z_0 则不是一个代数同态，除非 $z_0=0$。分析学家则是在复流形与全纯映射中考察 C。复共轭在该范畴中不是一个态射，但加上任意固定的 $z_0 \in C$ 则是，其中减去 z_0 是它的逆。全纯映射的定义使 i 和 $-i$ 具有几何上的差别，因为 i 处于虚数轴上由实数 1 逆时针方向旋转的位置，而 $-i$ 则在顺时针旋转的位置。复共轭把平面反转了，它不是全纯的，

---

① 我们称一个结构 S 的自同构为任何到 S 自身的同构。库里（T. Kouri）对同构的哲学争论进行了专门讨论。Kouri T. A reply to Heathcote's: On the exhaustion of mathematical entities by structures. Axiomathes, 2015, 25 (3): 345-357.

因此在复流形范畴中不是一个自同构，如图 12 所示。

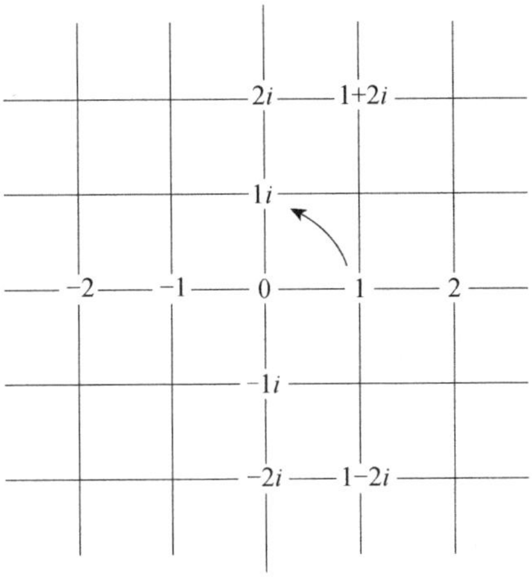

图 12　复流形范畴中的共轭关系

另一方面，由于复共轭是实代数范畴中的共轭，i 与 $-i$ 具有相同的实代数关系。该范畴符合代数学家的目的，因而代数学家绝不会对 i 与 $-i$ 进行区分，更不会也没有必要给出对二者加以区分的理由。

数学家们通过使用结构数学的常规工具来区分 i 与 $-i$。即使他们只关注数论时，也会在不同范畴中来看待 C。[1]在某些范畴中共轭是一个同构，但某些范畴中则不是，数学家们实际上用不同方式来区分在不同语境中的 i 与 $-i$。对于范畴结构主义而言，i 与 $-i$ 之间的区分仅仅在于二者结构上的区分，即二者之间是否同构——依赖于范畴的同构。

总之，同构是特定范畴中的同构。在某一范畴中两个对象同构，在其他一些范畴中则可能不同构。两个对象可以既在一个范畴中又在另一个范畴中，是否意味着对象是独立于范畴而存在的？回答是否定的。从本体论上来理解，数学对象即结构，而结构就是数学家们真正讨论的"事物"或"主题"——范畴中的对象。具体而言，数学对象就是数、集合、群以及范畴空间等。这些不都是范畴，但它们都是范畴中的对象。范畴本身也是数

① McKean H P, Moll V. Elliptic Curves: Function Theory, Geometry, Arithmetic. New York: Cambridge University Press, 1999.

学对象，因为范畴是范畴之范畴中的对象。换言之，所有结构都是范畴中的结构，每一个范畴都是一个结构，但并不是所有结构都是一个范畴。

在某些范畴中，同构可能就是同一性，而不同范畴之间的同构可能是同一性也可能不是，这取决于我们在哪个范畴中对其进行探讨。但不管所探讨的主题是什么，我们所关注的数学结构是能够对其进行抽象，并通过能反映其间关联的映射或箭头所呈现出来的范畴。有时这是一个高度抽象化的过程，但反过来，正是由于范畴之范畴作为最根本的出发点，适用于任何特定的主题，从而得到不同的范畴。因此，在这个意义上，我们可以把范畴的范畴作为一种现实的数学基础。范畴是现实存在的，给出一个范畴，我们同时就有范畴的对象与箭头，这都是现实可达的。

结语

范畴结构主义向科学实在论的方法论扩张

以范畴论为基础兴起的范畴论结构主义，其提出本身正是源于数学实践的需求，这无疑是对数学实践的最大忠诚，从本质上更好体现了基于"数学"的数学实在论发展诉求。麦蒂基于"自然"的第二哲学同样强调数学实践在探讨数学哲学论题时的方法论意义。范畴结构主义与第二哲学对数学实践中具体基础虽持不同观点，但二者对数学实践的强调是一致的。因此，在这个意义上可以把基于"数学"的进路看成是基于"自然"的。在另一方面，基于"自然"与基于"数学"两种实在论进路又有着本质上的差别，基于"自然"的进路强调应严格区分数学与科学，它们各自值守自身的领域，不应也不必要探讨二者的整体关联。而后者则试图从数学与科学的整体论视角，揭示数学与科学的共同本质。在这一点上，基于"数学"的实在论进路与基于"科学"与基于"语境"的实在论进路是相一致的。不同之处是，基于"科学"的实在论进路把"科学"置于首位，而基于"语境"的实在论是把"语境"作为统一阐释基底，然而这种来自哲学的策略性进路不能很好地说明当前的数学与科学实践。基于"数学"的数学实在论的目的是通过对数学与科学实践的考察，以数学为基础揭示二者的共同本质——范畴结构，为数学与科学提供一致的本体论、认识论与语义学说明。因此，将基于"数学"的数学实在论作为数学实在论的恰当理论框架，拓展到对科学实在论的探讨中去，这一尝试无疑具有重要的方法论意义。下面我们不妨以物理学中的经典力学为例具体说明范畴结构主义在揭示物理本质方面的特有应用。

第一节　物理学的数学化

物理的数学化这一思想最早可以追溯到毕达哥拉斯。探寻万物的本原是毕达哥拉斯时代最为重要的哲学问题。当时的哲学家提出各种具象的元素，如水、火、土、气等是万物的始基，毕达哥拉斯学派则更关注数、音乐这类抽象的事物本质。正如亚里士多德在《形而上学》中所指出，"在这些哲学家以前及同时，素以数学领先的所谓毕达哥拉斯学派不但促进了数学研究，而且是沉浸在数学之中的，他们认为'数'乃万物之原"。①毕达哥拉斯学派认为数是万物的始基，是万物最基本的组成要素，同时也是万物的共同本质和性质，研究数学的本质不在于使用数学而是为了探索自然的奥秘。

17世纪，物理学从哲学中分离出来，形成独立的学科，数学的重要性得到了更为真切的表现，即物理学的数学化表述。伽利略认为，自然是用数学语言写成的；牛顿发明了微积分，并用它来描述运动。引入了数学，物理学的表述才更为精确，避免了亚里士多德体系下的常识物理学，物理学的理论预言才有可能，物理学理论才更易于被持有不同哲学信念的人们所接受，如法国人放弃笛卡儿的宇宙旋涡理论，转而接受牛顿的万有引力定律，这是因为牛顿的理论在数学上是精确的和无歧义的，且能够为实验观察所确证。牛顿所给出的力学体系表述日后被拉格朗日、哈密顿等在数学上进一步完善与发展，具有了更为优美的形式。不一而论，整个物理学史就是一部物理学与数学的交融史，是用数学语言描述自然的一部发展史。随着现代物理学的进一步发展，其数学化也达到了一个前所未有的高度，例如海森伯在谈到基本粒子的客观实在性时这样说："基本粒子的这种客观实在性已经离奇地消失了，它不是消失在某种新的、朦胧的或者至今尚未得到解释的实在观念的迷雾之中，而是消失在不再描述基本粒子的行为而只描述我们对这种行为的知识的数学的透彻的明晰性之中。"②现代科学中出现了大量高度数学化的术语，如"非阿贝尔规范理论""闵可夫斯基四维流形"等，这种趋势使数学从科学女仆回到科学女王的可能变为现实。

当代物理学对数学的应用仍具有广泛的多元性，一定程度上促使对数学的工具性定位被再次提及。这种状况出现的一个主要原因是数学本身基于不同的特定目的与价值取向出现了更纷繁复杂的分支研究。但随着新数学基础主义的复兴，物理理论发生与发展的历史与实践考察，物理数学化

① 亚里士多德.形而上学.吴寿彭，译.北京：商务印书馆，1995：12.
② 海森伯 W. 物理学家的自然观.吴忠，译.北京：商务印书馆，1990：6.

这一趋势不仅没有减弱，反而其更深刻的结构本质开始显现。可以说，物理学的结构总是离不开它的数学结构，每一种物理学理论在其形成之时就必然地与一种特殊的数学结构相关联，如，狭义相对论关联于四维时空结构的闵可夫斯基几何，广义相对论奠基于曲率大于 0 的黎曼几何结构，量子力学中物理的可观测量和波函数等的关系通过希尔伯特空间的运算来实现，甚至于量子场论也在代数量子场论的引领下找到了 C^* 代数来揭示其结构。这些数学结构为物理学理论的建构和深化提供了必要的基础。因此，基于"数学"实践提出的范畴结构主义向科学实在论的扩张是恰当且可行的。

第二节　物理学的范畴结构主义向度

随着结构实在论的发展，关于科学理论是否实在的讨论已经超越了传统科学实在论对理论实体的实在性辩护，走向对理论结构的实在性辩护。物理学理论所揭示的规律性在本体论上是否承诺了自然的某种结构？结构性的本体论承诺是由物理学理论的数学结构来实现的吗？数学结构与物理学结构之间的关系如何，是一一对应还是多对一？该如何就不同表象的物理学理论的结构进行比对？不同的物理学结构能否拥有数学上的同构，数学上的同构意味着什么，等等。对于这些问题的回答成为了结构实在论继续深入发展的必要挑战。

在物理学高度数学化的当下，伴随着当代数学结构主义进路的兴起，关于数学结构的探讨为分析物理学的结构提供了强有力的工具，从物理学的数学表述入手来分析物理学的结构以及为物理学理论作实在论辩护显得自然而且迫切。由于范畴之范畴作为最根本的出发点，适用于任何特定的主题，从而得到不同的范畴。因此，在这个意义上，我们可以把范畴的范畴作为一种现实的基础。无论对于数学还是物理学，范畴是现实存在的，给出一个范畴，我们同时就有范畴的对象与箭头，这都是现实可达的。范畴结构主义基于"数学"的实在论进路不仅在本体论问题上为科学实在论提供了重要的启示，在当前物理实践中范畴论的应用也得到了验证。

一、经典力学的范畴结构主义实在性辩护

众所周知，拉格朗日力学和哈密顿力学作为经典力学的两种表述形式，在求解实际问题时具有理论上的等价性[①]，然而它们的数学结构明显不同，一个是流形上的切丛[②]，另一个是余切丛[③]。究竟哪种结构才是经典力学的真正结构，或者说这两种结构是否可以统一为一种更为基本的结构，后者才是经典力学的真正结构呢？

在范畴论的视野下，通过寻求拉格朗日力学和哈密顿力学这两种等价经典力学构造在数学上的同构是可以实现的，二者之间的同构揭示了经典力学结构的本体论含义。在微分几何的范畴下，切丛与余切丛上的结构即便是双射，其同构也很难建立。但同构是相对于特定具体的范畴而言的，针对这一点，W.M. Tulczyjew[④][⑤]以辛几何为基础，最终在一个扩张的辛范畴下实现了两种力学的同构，即辛同胚（symplectomorphism），并指出辛同胚保持了二者通过勒让德变换所保持的结构。

---

① 虽然其应用的普遍程度、简单性方面并不完全等同，哈密顿力学被认为更普遍、更简单有效。
② 用现代微分几何的语言来表述拉格朗日力学的话，拉格朗日力学是由一个流形（位形空间）和其切丛上的一个函数（拉格朗日函数）给出的。位形空间具有微分流形构造，微分同胚群作用于其上，拉格朗日力学的基本概念和定理在此群下不变。令 Q 为粒子存在的位形空间流形，Q 上的坐标系 q 诱导出切丛 TQ（速度相空间）上的自然坐标系 $(q,\dot{q})$，$(q,\dot{q})$ 是系统的物理态，它表示为切丛 TQ 上的一个点。n 个二阶微分方程等价于切丛 TQ 上的一个动力学向量场 D，拉格朗日量是一个标量函数 $L:TQ \rightarrow \mathbb{R}$，它"决定了一切"，包括 D 以及方程的解（一个 D 的积分曲线）。前述的概念和结果现在都可根据切丛来表达，因此拉格朗日力学就是位形流形的切丛。
③ 用现代微分几何来看哈密顿力学，它是由一个流形（相空间）和其余切丛上的一个函数（哈密顿函数）给出的。相空间具有一个辛流形构造，辛微分同胚群作用于其上，哈密顿力学的基本概念和定理在此群下不变。令 Q 为粒子存在的位形空间流形，态空间不再是切丛 TQ，而是一个相空间，我们把它看成是余切丛 T^*Q，用正则变换群取代拉格朗日力学中从 q 到 $(q,\dot{q})$ 的点变换，(q,p) 是系统的物理态，它表示为余切丛 T^*Q 上的一个点。$2n$ 个一阶微分方程等价于 T^*Q 上的一个动力学向量场 D，哈密顿量是一个标量函数 $H:T^*Q \rightarrow \mathbb{R}$，因此哈密顿力学就是相空间的余切丛。
④ Tulczyjew W M. Hamiltonian systems, Lagrangian systems, and the Legendre transformation. Symposia Mathematica, 1974, 14: 247-258.
⑤ Tulczyjew W M. The legendre transformation. Annales de L' I.H.P. Section A, 1977, 1: 101-114. ArXiv: 1405.0748v1.

1. 拉格朗日力学与哈密顿力学的同构——辛同胚

具体来看，首先需要构造一个正则理论，继而说明每一个拉格朗日量/哈密尔顿量都表示一个几何对象（即一个拉格朗日子流形）[①]，这种几何通过表征拉格朗日量的对象与表征哈密顿量的对象之间的一个辛同胚得到保持，因而他需要通过应用一个到某流形的余切函子使该流形辛化以及构造一个切触流形的辛化方法。具体而言，对于力学系统的位形空间 Q，实向量丛 TQ 与 T^*Q 分别表示拉格朗日与哈密顿态空间，$H:T^*Q \to \mathbb{R}$ 为哈密顿量，$L:TQ \to \mathbb{R}$ 为拉格朗日量。尽管在 TQ 与它的对偶 T^*Q 之间没有正则同构，但在 T^*TQ 与 T^*T^*Q 之间运用范畴论可以构造二者的正则同构，它实际上是一个辛同胚，即 $\kappa_{TQ}:T^*T^*Q \cong T^*TQ$。[②]在该辛同胚下，$T^*T^*Q$ 上的刘维尔 1-型与 T^*TQ 定义了同一辛结构 TT^*Q，它与两个不同的余切丛 T^*TQ 和 TT^*Q 满足 $T^*TQ \xleftarrow{\ \alpha_Q\ } TT^*Q \xrightarrow{\ \beta_Q\ } T^*T^*Q$，其中 β_Q 为 TT^*Q 与 T^*T^*Q 之间的正则同构，该同构从 T^*Q 上（非退化的）辛形式得到。另一方面，定义 α_Q 为 $\kappa_{TQ} \circ \beta_Q$，其中 κ_{TQ} 为 T^*TQ 与 T^*T^*Q 的正则辛同胚。κ_{TQ} 揭示了哈密顿与拉格朗日理论是相同类型的数学对象：H 和 L 是分别被提升为 T^*TQ 与 T^*T^*Q 的拉格朗日子流形，然后都映射到 TT^*Q 的拉格朗日子流形。此外，当且仅当 H 与 L 之间存在一个勒让德变换时，这些 T^*T^*Q 的拉格朗日子流形恰好重合。其基本关系如图 13 所示[③]。

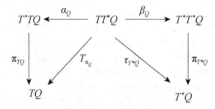

图 13　哈密顿与拉格朗日理论辛同胚

①　Tulczyjew 坚信"拉格朗日信条"，即一切都是一个拉格朗日子流形。因此，他的任务就变为把辛几何中的所有重要概念都表达为拉格朗日子流形。所有力学系统都是一个恰当定义空间上的拉格朗日子流形。Weistein A. Symplectic geometry. Bulletin of the American Mathematical Society, 1981, S (1): 1-13.

②　Meng G. Tulczyjew's approach for particles in gauge fields. Journal of Physics A: Mathematical and Theoretical, 2015, 48: 145201.

③　Teh N J, Tsementizis D. Theoretical equivalence in classical mechanics and its relationship to duality. Studies in History and Philosophy of Modern Physics, 2017, 59: 44-54.

其中，TT^*Q 正是 Tulczyjew 找到的扩张辛范畴 **ExtSymp**，它是拉格朗日力学与哈密顿力学的共同扩张，其中的对象是辛流形，态射是正则关系。在 **ExtSymp** 中，可以把一个对象 0 的拉格朗日子流形看成是它的一般化的"点"，即作为从终端对象到 0 的箭头。由此可知 T^*TQ 与 T^*T^*Q 都是 **ExtSymp** 的对象，这些对象被恰当生成的"点"分别是哈密顿量和拉格朗日量，而这些对象本身被看成是"理论的空间"。作为 **ExtSymp** 中的特定同构，辛同胚 κ_{TQ} 根据理论的数学结构保持了理论的结构。

拉格朗日力学与哈密顿力学辛同胚的存在，确保了我们可以找到拉格朗日力学和哈密顿力学的共有结构——扩张辛范畴 TT^*Q。通过把一个（哈密顿或拉格朗日）力学系统描述为一个在某抽象空间中的子流形，根据该空间的几何（记为 α）以及一个正则同构（记为 β），可以说明该空间上的曲线满足相关的运动方程。因此，TT^*Q 不但在数学上保持了两种力学的同构，同时也保留了运动方程等物理学的要素，它正是我们所探寻的经典力学结构。

2. 经典力学结构的本体论含义

基于数学同构辛同胚揭示出的经典力学结构具有怎样的本体论含义？由于对结构本体或认识意义的不同把握，目前结构实在论形成了认识的结构实在论（epistemic structural realism，ESR）、本体的结构实在论（ontic structural realism，OSR）和认识论版本的结构实在论（epistemological structural realism）三个版本。以沃勒尔为代表的 ESR 主张由数学揭示的物理学结构是实在的，是可知的，结构背后的本真世界也是实在的，但却是不可知的。从不可知的实体到可知的结构，ESR 存在认识上的断裂。解决这一问题的一种方法是从本体论上保留实体，并通过结构的可知性探究对实体的认知途径。如曹天予提出认识论版本的结构实在论，强调"只有非可观察实体的结构知识，而非数学结构本身（群，等等）或理论的作为整体的结构，才能给予我们对非可观察实体尤其是科学理论的基本本体的知识论进路"。①但这种结构实在论主张结构中成分的优先存在，本身就是把

---

① Cao T Y. Structural realism and the interpretation of quantum field theory. Synthese, 2003, 136（1）: 10.

成分与结构之间的整体性进行了割裂。结构实在论的根本宗旨是科学理论的本质在于结构，而不是孤立的实体或对象，认识论版本无疑是把结构实在论拉回到实体实在论的旧路上，仍会面临来自范·弗拉森等反实在论者的诘难。OSR 的基本主张是，物理学结构就是数学结构，物理学的结构就是本真的物理世界，它是客观存在的。雷德曼版本的 OSR 废除了对象，仅探讨结构，被称为"无对象观点"。弗兰奇版本的 OSR 坚持对象存在，但对象并非个体，被称为"无个体观点"。此外还有如埃斯菲德（M. Esfeld）的"无内在性质观点"，为了强调个体和结构，取消内在性质。然而，这些众多版本的 OSR 为了强调结构和关系的本体论优先地位，对于个体、对象和内在性质的取消使得关系或结构缺乏了关系者。

数学上的同构确保了我们可以在一个物理理论的不同数学形式之间找到它们的共有结构，这是揭示物理学理论结构的必要前提。对于经典力学而言，扩张的辛范畴 TT^*Q 是拉格朗日力学和哈密顿力学的共同结构，它是经典力学的理论结构，因而经典力学结构的本体论问题就转化为数学结构的本体论问题。但物理学结构除了一般化的结构关系之外，是否还应具有关系者，这些关系者给出物理学理论的细节与其间的关系，因而也应是构成物理实在的重要因素。正如泰博（K. Thébault）指出，经典力学的本体结构不仅需要理论不同形式之间的相互关联，还需要"……找到一个恰当推广的物理—数学框架，该框架包括动力学结构的必要层次"。[1]显然，如何在承认结构实在的基础之上澄清结构关系中的关系者，化解结构关系和关系者截然二分的局面，成为结构实在论进一步发展的关键问题。范畴结构主义以范畴论为基础，将对象与箭头统一在范畴内，能清晰揭示结构关系与关系者之间的相互依赖性，因此能够成为结构实在论突破困境的有效进路。

以范畴论为基本视域来审视物理学的结构，对象是当前范畴下的态空间与可观察量，箭头是当前对象之间或是函子之间的映射关系，即由运动

---

① Thébault K. Quantization as a guide to ontic structure. British Journal for the Philosophy of Science. 2016, 67 (1): 100.

方程所给出的可能的态与可观察量之间的函数关系。在经典力学框架的扩张辛范畴下，拉格朗日力学和哈密顿力学的结构所具有的同构揭示的正是我们所探寻的经典力学结构。

范畴结构主义将关系者与结构关系统一在同一结构下，为物理学的结构提供了坚实的实在基础。此外，范畴结构主义通过范畴以及同构的范畴依赖性说明科学理论发展中的结构连续性，更合理地解决了悲观元归纳问题。在这个意义上，范畴结构主义可以成为结构实在论的一种出路。

二、代数量子场论的范畴结构主义实在性探查

随着范畴的变更，范畴中的对象和箭头也会发生变化，同构关系也随之改变。随着经典力学范畴到量子力学范畴的变更，态空间变换到希尔伯特空间，(p, q)被厄米算符所表征的可观察量代替，拉格朗日方程或哈密顿方程变更为薛定谔方程，态函数即波函数与可观察量之间的关系经由波恩规则的概率解释发生了根本性的变革。理论的发展与更替这一动态发展过程，也可以用范畴的变更以及其中对象与箭头的变化来分析。新的范畴下，物理学理论的基本结构能采用新的同构得到揭示。范畴结构主义对于结构实在论所要着重解决的相继理论之间的结构保持能提供更为恰当的说明。

如前所述，物理学理论都对应于一种特殊的数学结构，如，狭义相对论对应于闵可夫斯基四维时空理论，广义相对论对应于黎曼几何，量子力学对应于希尔伯特空间，这些数学结构为物理学理论的推演提供了基础与工具。而量子场论却缺乏相应的数学基础，缺乏公理化的数学表征，虽然标准模型得到了实验上异常精确的检验。代数量子场论的兴起正是要为量子场论找到其在数学中的结构与位置，"在缺乏某种数学上明确的有关 QFT（量子场论）描述的情况下，物理学哲学家有两种意见：要么找到一种新的方法（完成）解释任务，要么对量子场论的解释保持沉默……AQFT（代数量子场论）是我们有关 QFT 处于数学世界中什么位置的最好说法，因而是

基础研究的自然起点"。①

代数量子场论所找到的数学基础是算子代数和 C^* 代数，而这些正是范畴论的研究内容。代数之网形成了量子物理系统数学描述的基础，量子场论中重要的物理信息包含在代数的网里面，即从有限时空区域到定域可观测量的映射：$O \to A(O)$。范畴论中的结构取代了对象成为本体论性的结构，因而相应在量子场论中，这种从时空区域到定域可观测量的映射就足以确定物理上有意义的量，不必去追究可观测量究竟是什么。

近十来年，关于代数量子场论（AQFT）的合理性及有效性也成为物理学哲学家们争论的主题。代数量子场论是否为量子场论提供了一个坚实的数学基础？这种数学基础对于量子场论本体论问题的探讨有何意义？人们莫衷一是。哈格(R. Haag)在《定域量子物理：场、粒子、代数》(*Local Quantum Physics：Fields，Particles，Algebras*，1996 年）一书中就承认量子场论的代数方法为我们提供了一个框架和一种语言，指出代数量子场论的发展使得量子场论更加形式化。华莱士（D.Wallace）在 2006 年和 2011 年对代数量子场论进行了反驳，他直接反对的不是代数方法的应用，而是反对将代数量子场论看作物理理论。②③对比于华莱士对 AQFT 的攻击，弗雷泽（D. Fraser）则为 AQFT 做出了辩护④⑤。库尔曼（M. Kuhlmann）⑥出于本体论的考虑也支持将代数量子场论作为基础研究的主要对象。

从代数的观点来看，应把在某特殊表征中可观测量的代数而非可观测量本身看作是量子物理学数学描述的基本实体，因而能够回避传统量子场论中的一系列问题。对于标准量子力学来说，C^* 代数与通常的希尔伯特空

① 霍尔沃森. 代数量子场论//厄尔曼，巴特菲尔德.物理学哲学. 程瑞，赵丹，王凯宁，等，译. 北京：北京师范大学出版社，2015.

② Wallace D. In Defence of Naiveté: The Conceptual Status of Lagrangian Quantum Field Theory. Synthese, 2006, 151: 33-80.

③ Wallace D. Taking Particle Physics Seriously: A Critique of the Algebraic Approach to Quantum Field Theory, Studies in History and Philosophy of Modern Physics, 2011, 42 (2): 116-125.

④ Fraser D. Quantum field theory: Underdetermination, inconsistence, and idealization. Philosophy of Science, 2009, 76 (4): 536-567.

⑤ Fraser D. A Further Defence of Axiomatic Quantum Field theory. Studies in History and Philosophy of Modern Physics, 2011, 42 (2): 126-135.

⑥ Kuhlmann M. Why Conceptual Rigour Matters to Philosophy: On the Ontological Significance of Algebraic Quantum Field Theory. Foundations of Physics, 2010, 40 (9-10): 1625-1637.

间构造没有什么不同，二者是等价的。然而到了量子场论中因为引入了无穷自由度之后二者不再等价。20 世纪 80 年代后期，大数学家阿蒂亚（M. Atiyah）利用范畴论重新推导了量子场论[①]，并取得了成功，至少在数学上得到了预期结果。范畴的对象包括一个空间（流形）和一个同构（将两个流形联系起来的一种流形，像连接两个圆的圆柱）。

对于 AQFT 持支持态度的物理学哲学家而言，AQFT 的普遍性与严密性是研究 QFT 基础的恰当工具，而这种恰当工具恰恰是以算子代数、C^* 代数等范畴论为基础的。范畴论所蕴含的结构主义本体论能否经由 AQFT 推及到 QFT 中，可否将结构看作是量子场论本体论的一种新的备选，量子场论的本体论问题能否得到新的求解，量子场论中诸如规范问题、超选规则等能否在范畴结构主义框架下获得新的解释与理解，AQFT 在标准模型的经验内容之外，能否做出新的预言？在粒子物理学缺乏经验证据支撑的范围或领域内，AQFT 的公理化体系的预言对于 QFT 理论的新发展能否有所启示与导向？这些问题有赖进一步的探索与研究，但在这之前，至少可以说，以范畴论为基础的这些数学方法的应用为我们提供了以下几点启发：①数学基础的探求能够为求解物理学哲学中的难题提供方法论上的启示；②数学体系上的推演能够为缺乏经验证据的物理学理论发展及预言提供导向；③物理学理论的公理化体系构建对于推进物理学理论的统一提供有意义的探索。

第三节　范畴结构主义的哲学意蕴

回顾数学真理困境的求解诉求，我们提出基于"数学"的范畴结构主义，有两个基本前提。一是忠于数学与科学理论发展实践，范畴结构主义这一结论是基于实践分析得出的自然结论，一定程度上既对"就哲学论哲

---

① Atiyah M. Topological quantum field theories. Publications Mathématiques de l'I.H.É.S., 1988, 68 (1): 175-186.

学"的方法论研究提供了完全不同的导向，也成为实践哲学的实际施行者，这是对实践的最大忠诚；二是坚持数学与科学的整体论，数学与科学的历史与当前进展均表明二者在产生与发展中相互碰撞、促进、渗透与融合，整体论这一宗旨能更有效地挖掘二者之间的深刻关联和共同本质。

需要指出，对数学与科学实践的强调并不是否认哲学研究与思考的意义，事实上哲学历来都是开启人类智慧，追寻自然知识的先导。本体论、认识论与方法论等诸方面的哲学论题在不同阶段，不同程度地与人类认识揭示自然本质的探究活动密切相关。我们强调数学实践的真正意义在于，关于数学研究本身的方法论探究对阐明数学本质、说明数学知识等方面所发挥的关键作用。在这一点上，与麦蒂的第二哲学有很强的相似性，或者我们就是第二哲学工作者。不同之处在于，麦蒂止步于数学实践本身，而基于"数学"的实在论进路则尝试把通过数学实践升华凝练出的哲学观点扩展到对科学实在论的探讨中去。当然，这种哲学观点的扩展所依据的仍然不是某种强烈的单纯来自哲学的动机，而是科学实践本身。

从数学与科学实践出发，考察数学的本质特征，既是数学哲学自身构建的需要，更是调和数学哲学与一般科学哲学的迫切要求。基于"数学"的范畴结构主义进路不仅为数学实在论与反数学实在论的论争提供交流、对话的平台，而且它已经成为沟通数学哲学与科学哲学的关键环节。纵观当今包括数学、物理学、生物学、哲学、社会学、人类学、心理学等在内的各个学科，无论是在理论的定位、知识的构造还是方法的使用上，都体现着相互间的交叉和融通，只有以真实的实践为分析基底，才能更好地理解这些学科知识的内在联系。从当前数学与物理学的具体实践和发展来看，范畴结构主义必将深刻地嵌入所有学科的哲学探讨之中。范畴结构主义作为一个具有发展前景的方向，在本体论、认识论以及方法论上将为数学哲学与科学哲学焕发新的活力，为传统的问题给出新的诠释与求解。

参 考 文 献

保罗·贝纳塞拉夫, 希拉里·普特南. 数学哲学. 朱水林, 等, 译. 北京: 商务印书馆, 2003.

布拉丁, 卡斯特拉尼. 经典物理学中的对称性与不变性//厄尔曼, 巴特菲尔德. 物理学哲学. 程瑞, 赵丹, 王凯宁, 等, 译. 北京: 北京师范大学出版社, 2015: 1540-1581.

成素梅, 郭贵春. 语境论的真理观. 哲学研究, 2007 (5): 73-78.

厄尔曼, 巴特菲尔德. 物理学哲学. 程瑞, 赵丹, 王凯宁, 等, 译. 北京: 北京师范大学出版社, 2015.

弗雷格. 算术基础. 王路, 译. 北京: 商务印书馆, 2001.

郭贵春. 论语境. 哲学研究, 1997 (4): 46-52.

郭贵春. 语境的边界及其意义. 哲学研究, 2009 (2): 94-100.

郭贵春. 语境与后现代科学哲学的发展. 北京: 科学出版社, 2002.

郭贵春, 康仕慧. 当代数学哲学的语境选择及其意义. 哲学研究, 2006 (3): 74-81.

海森伯 W. 物理学和哲学. 范岱年, 译. 北京: 商务印书馆, 1981.

霍尔沃森. 代数量子场论//厄尔曼, 巴特菲尔德. 物理学哲学. 程瑞, 赵丹, 王凯宁, 等, 译. 北京: 北京师范大学出版社, 2015: 842-1053.

吉利斯, 郑毓信. 数学哲学与科学哲学和计算机科学的能动作用. 自然辩证法研究, 1998, 14 (9): 7-11.

李德明, 陈昌民. 经典力学——理论物理课程改革初探. 大学物理, 2003, 22 (3): 38-41.

林夏水. 数学哲学. 北京: 商务印书馆, 2003.

刘杰. 当代逻辑哲学发展现状及趋势: 逻辑的多元性. 科学技术哲学研究, 2017, 34 (1): 17-20.

刘杰. 当代西方数学哲学的发展现状与趋势. 科学技术与辩证法, 2005, 22 (4): 22-24.

刘杰. 理解数学: 代数式的进路——访英国利物浦大学哲学系玛丽·兰博士. 哲学动态.

2007（11）：36-42.

刘杰. 论数学的真理困境——从实在论的角度看. 哲学研究, 2006（12）：76-82.

刘杰. 没有数的科学——论菲尔德虚构主义对数学真理困境的求解. 科学技术哲学研究, 2010, 27（2）：37-44.

刘杰. 数学语境及其特征. 科学技术哲学研究, 2012, 29（6）：51-56.

刘杰. 数学真理困境的结构主义实在论求解. 科学技术哲学研究, 2013, 30（6）：7-11.

刘杰. 数学真理困境的新弗雷格主义求解. 哲学研究, 2010（6）：92-98.

刘杰. 数学真理困境的自然主义实在论求解. 科学技术哲学研究, 2009, 26（4）：26-32.

刘杰, 弓晓星. 凯撒难题的新弗雷格主义求解. 自然辩证法研究, 2018, 34（3）：9-14.

刘杰, 郭贵春. 数学真理困境的不可或缺性论证出路. 自然辩证法研究, 2010, 26（8）：12-18.

刘杰, 科林·麦克拉迪. 数学结构主义的本体论. 自然辩证法通讯, 2018, 40（7）：1-11.

刘杰, 孔祥雯. 作为数学基础的范畴论. 科学技术哲学研究, 2014, 31（4）：7-12.

刘杰, 孙翌莉. 赫尔曼的模态结构主义. 科学技术哲学研究, 2015, 32（5）：25-30.

刘靖贤. 概况公理与新弗雷格主义. 北京：北京大学博士学位论文. 2013.

斯图尔特·夏皮罗. 数学哲学——对数学的思考. 郝兆宽, 杨睿之, 译. 上海：复旦大学出版社, 2009.

涂纪亮. 分析哲学及其在美国的发展（上）. 北京：中国社会科学出版社, 1987.

王巍. 结构实在论评析. 自然辩证法研究, 2006, 22（11）：34-38.

武际可. 力学史. 上海：上海辞书出版社, 2000.

邢滔滔. 从弗雷格到新弗雷格. 科学文化评论, 2008, 5（6）：62-73.

许涤非. 经典数学的逻辑基础. 哲学研究, 2012（3）：98-104.

亚里士多德. 形而上学. 吴寿彭, 译. 北京：商务印书馆, 1995.

亚历山大洛夫 AD, 等. 数学——它的内容, 方法和意义（第一卷）. 4 版. 孙小礼, 等, 译. 北京：科学出版社, 2008.

叶峰. 二十世纪数学哲学. 北京：北京大学出版社, 2010.

叶峰. 数学真理是什么？. 科学文化评论, 2005, 2（4）：17-45.

叶峰. "不可或缺性论证"与反实在论数学哲学. 哲学研究, 2006（8）: 74-83.

张恭庆, 林源渠. 泛函分析讲义. 北京: 北京大学出版社, 1999.

张华夏. 科学实在论和结构实在论——它们的内容、意义和问题. 科学技术哲学研究, 2009, 26（6）: 1-11.

Bell J L. 纵观数学哲学与数学基础. 郑毓信, 译. 数学译林, 1991, 3: 251-257.

Antonelli G A. Conceptions and paradoxes of sets. Philosophia Mathematica, 1999, 7 (3): 136-163.

Atiyah M. Topological quantum field theories. Publications Mathématiques de l'I.H. É.S., 1988, 68 (1): 175-186.

Awodey S. An answer to hellman's question: "Does category theory provide a framework for mathematical structuralism?". Philosophia Mathematica, 2004, 12 (1): 54-64.

Awodey S. Structure in mathematics and logic: A categorical perspective. Philosophia Mathematica, 1996, 4 (3): 209-237.

Balaguer M. Platonism and Anti-Platonism in Mathematics. New York: Oxford University Press, 1998.

Bangu S I. Inference to the best explanation and mathematical realism. Synthese, 2008, 160 (1): 13-20.

Barrett T W. On the structure of classical mechanics. British Journal for Philosophy of Science, 2015, 66 (4): 801-828.

Benacerraf P. Mathematical truth. The Journal of Philosophy, 1973, 70 (19): 661-679.

Benacerraf P. What mathematical truth could not be I // Morton A, Stich S. Benacerraf and His Critics. Cambridge: Blackwell Publishers, 1996: 9-59.

Benacerraf P. What mathematical truth could not be II // Cooper B, Truss J K. Sets and Proofs. London Mathematical Society Lecture Notes Series (258). Cambridge: Cambridge University Press, 1999: 27-52.

Benacerraf P. What numbers could not be. The Philosophical Review, 1965, 74 (1): 47-73.

Bigaj T. The indispensability argument-A new chance for empiricism in mathematics?

Foundations of Science, 2003, 8: 173-200.

Boolos G. Is Hume's principle analytic?///Jeffrey R. Logic, Logic and Logic. Cambridge, MA: Harvard University Press, 1998: 301-314.

Brown J R. Philosophy of Mathematics: An Introduction to the World of Proof and Pictures. London, New York: Routledge, 1999.

Burgess J P. Mathematics and bleak house. Philosophia Mathematica, 2004, 12 (1): 18-36.

Burgess J P, Rosen G. A Subject with No Object: Strategies for Nominalistic Interpretation of Mathematics. Oxford: Clarendon Press, 1997.

Cantor G. Gesammelte Abhandlungen mathematischen und philosophischen Inhalts. Berlin: Verlag von Julius Springer, 1932, 131 (3308): 418-419.

Cao T Y. Structural realism and the interpretation of quantum field theory. Synthese, 2003, 136 (1): 3-24.

Chihara C S. A Gödelian thesis regarding mathematical objects: Do they exist? And can we perceive them? The Philosophical Review, 1982, 91 (2): 211-227.

Colyvan M. Confirmation theory and indispensability. Philosophical Studies, 1999, 96 (1): 1-19.

Colyvan M. The Indispensability of Mathematics. Oxford: Oxford University Press, 2001.

Corry L. Nicolas bourbaki and the concept of mathematical structure. Synthese, 1992, 92 (3): 315-348.

Curiel E. Classical mechanics is lagrangian: It is not hamiltonian. British Journal for Philosophy of Science, 2014, 65 (2): 269-321.

Dummett M. Frege: Philosophy of Mathematics. London: Duckworth, 1991.

Dummett M. Truth and Other Enigmas. London: Duckworth, 1978.

Eilenberg S, Mac Lane S. General theory of natural equivalences. Transactions of the American Mathematical Society, 1945, 58 (2): 231-294.

Eilenberg S, Mac Lane S. Group Extensions and Homology. Annals of Mathematics, 1942, 43 (4): 757-831.

Eilenberg S, Mac Lane S. Natural isomorphisms in group theory. Proceedings of the National Academy of Sciences of the United States of America, 1942, 28: 537-543.

Feferman S, Dawson J W, Kleene S C, et al. Kurt Gödel Collected Works: Volume Ⅱ Publications1938—1974//New York: Oxford University Press, 1989.

Feferman S. In the Light of Logic. New York: Oxford University Press, 1998.

Feferman S. Infinity in mathematics: Is Cantor necessary?//Feferman S. In the Light of Logic. New York: Oxford University Press, 1998: 28-73.

Field H. Realism, Mathematics and Modality. Oxford: Blackwell, 1989.

Field H. Science Without Numbers: A Defense of Nominalism. Princeton: Princeton University Press, 1980.

Fraser D. A Further Defence of Axiomatic Quantum Field theory. Studies in History and Philosophy of Modern Physics, 2011, 42 (2): 126-135.

Fraser D. Quantum field theory: Underdetermination, inconsistence, and idealization. Philosophy of Science, 2009, 76 (4): 536-567.

Frege G. The Foundations of Arithmetic (1884). Austin J L, trans. Oxford: Blackwell, 1953.

Fricke R, Noether E, Ore Ö. Richard Dedekind Gesammelte Mathematische Werke. Braunschweig: Vieweg & Sohn, 1932.

Goldman A I. A causal theory of knowing. The Journal of Philosophy, 1967, 64 (12): 357-372.

Hale B, Wright C. The Reason's Proper Study: Essays Towards a Neo-Fregean Philosophy of Mathematics. Oxford: Oxford University Press, 2001.

Hale B, Wright C. To Bury Caesar...//Hale B, Wright C. The Reason's Proper Study: Essays towards a Neo-Fregean Philosophy of Mathematics. Oxford: Oxford University Press, 2001: 335-396.

Hale B. Singular terms//McGuinness B, Oliveri G. The Philosophy of Michael Dummett. Dordrecht: Kluwer, 1994: 17-44.

Hallett M. Cantorian Set Theory and the Limitation of Size. Oxford: Oxford University Press, 1984.

Hellman G. Does category theory provide a framework for mathematical structuralism? Philosophia Mathematica, 2003, 11 (2): 129-157.

Hellman G. Mathematics Without Numbers. New York: Oxford University Press, 1989.

Hellman G. Three varieties of mathematical structuralism. Philosophia Mathematica, 2001, 9 (3): 184-211.

Hellman G. What is categorical structuralism?//Van Benthem J, Heinzmann G, Rebuschi M, et al. ed. The Age of Alternative Logics. Dordrecht: Springer Netherlands, 2006: 151-161.

Kouri T. A reply to Heathcote's: On the exhaustion of mathematical entities by structures. Axiomathes, 2015, 25 (3): 345-357.

Kuhlmann M. Why Conceptual Rigour Matters to Philosophy: On the Ontological Significance of Algebraic Quantum Field Theory. Foundations of Physics, 2010, 40 (9-10): 1625-1637.

Ladyman J. What is structural realism? Studies in History and Philosophy of Science Part A, 1998, 29 (3): 409-424.

Lawvere F W. An elementary theory of the category of sets. //Lecture notes of the department of Mathematics. University of Chicago. Reprint with commentary by the author and McLarty C. in Reprints in Theory and Applications of Categories. 2005. http://138.73.27.39/tac/reprints//articles/11/tr11abs.html.

Lawvere F W. The category of categories as a foundation for mathematics//Eilenberg S. et al. Proceedings of the Conference on Categorical Algebra. La Jolla 1965. New York: Springer-Verlag, 1966: 1-21.

Lawvere F W, Rosebrugh R. Sets for Mathematics. Cambridge: Cambridge University Press, 2003.

Leinster T. Rethinking Set Theory. American Mathematical Monthly. 2014, 121 (5): 403-415.

Leng M. Mathematical explanations//Cellucci C, Gillies D. Mathematical Reasoning and Heuristics. London: King's College Publications, 2005: 167-189.

Linnebo Ø. Epistemological challenges to mathematical platonism. Philosophical Studies,

2006, 129 (1): 545-574.

Liu J. A Contextualist Interpretation of Mathematics//Guo G, Liu C.ed. Scientific Explanation and Methodology of Science. Singapore: World Scientific, 2014: 128-137.

Mac Lane S. Mathematical models: A Sketch for the philosophy of mathematics. American Mathematical Monthly, 1981, 88 (7): 462-472.

Mac Lane S. Mathematics: Form and Function. New York: Springer-Verlag, 1986.

Mac Lane S.Structure in mathematics. Philosophia Mathematica, 1996, 4 (2): 174-183.

MacBride F. Speaking with shadows: A study of neo-logicism. British Journal for the Philosophy of Science, 2003, 54 (1): 103-163.

Maddy P. Indispensability and practice. The Journal of Philosophy, 1992, 89 (6): 275-289.

Maddy P. Naturalism in Mathematics. New York: Oxford University Press, 1997.

Maddy P. Realism in Mathematics. Oxford: Clarendon Press, 1990.

Maddy P. Second Philosophy of Mathematics. New York: Oxford University Press, 2007.

Malec M. A priori knowledge contextualised and benacerraf's dilemma. Acta Analytica, 2004, 19 (33): 31-44.

McGee V. How we learn mathematical language. The Philosophical Review, 1997, 106 (1): 35-68.

McKean H P, Moll V. Elliptic Curves: Function Theory, Geometry, Arithmetic. New York: Cambridge University Press, 1999.

McLarty C. Exploring categorical structrualism. Philosophia Mathematica, 2004, 12 (1): 37-53.

McLarty C. How Grothendieck simplified algebraic geometry. Notices of the American Mathematical Society, 2016, 63 (3): 256-265.

McLarty C. Learning from questions on categorical foundations. Philosophia Mathematica, 2005, 13 (1): 44-60.

McLarty C. Recent debate over categorical foundations//Sommaruga G. ed. Foundational Theories of Classical and Constructive Mathematics.Dordrecht: Springer, 2011: 145-154.

McLarty C. The uses and abuses of the history of topos theory. British Journal for the Philosophy of Science, 1990, 41 (3): 351-375.

McLarty C. What does it take to prove Fermat's Last Theorem?Grothendieck and the logic of number theory. Bulletin of Symbolic Logic, 2010, 16 (3): 359-377.

Meng G. Tulczyjew's approach for particles in gauge fields. Journal of Physics A:Mathematical and Theoretical, 2015, 48: 145201.

Norris C. Minding the Gap: Epistemology and Philosophy of Science in the Two Traditions. Amherst: University of Massachusetts Press, 2000.

North J. The "structure" of physics: A case study. The Journal of Philosophy, 2009, 106 (2): 57-88.

Pedersen N J. Considerations on Neo-Fregean Ontology.Proceedings of GAP, 2003, 5, Bielefeld: 505-511.

Pedersen N J. Solving the Caesar problem without categorical sortals. Erkenntnis, 2009, 71 (2): 141-155.

Putnam H. Mathematics without foundations. Journal of Philosophy, 1967, 64 (1): 5-22.

Putnam H. Mathematics, Matter and Method. Cambridge: Cambridge University Press, 1985.

Putnam H. Realism with a Human Face. Cambridge, MA: Harvard University Press, 1990.

Putnam H.Time and physical geometry. Journal of Philosophy, 1967, 64 (8): 240-247.

Putnam H. What is mathematical truth. Historia Mathematica, 1975 (2): 529-533.

Quine W V. From A Logical Point of View. Cambridge, MA: Harvard University Press, 1953.

Quine W V. From A Logical Point of View. 2nd ed. Cambridge, MA: Harvard University Press, 1980.

Quine W V. On what there is. The Review of Metaphysics, 1948, 2 (5): 21-38.

Quine W V. Ontological Relativity and Other Essays. New York: Columbia University Press, 1969.

Quine W V. Pursuit of Truth. Cambridge, MA: Harvard University Press, 1992.

Quine W V. Theories and Things. Cambridge, MA: Harvard University Press, 1981.

Resnik M D. Mathematics as a Science of Patterns: Ontology and Reference, Noûs, 1981, 15 (4): 529-550.

Rorty R. Objectivity, Relativism and Truth. Cambridge: Cambridge University Press, 1991.

Schirn M. Frege's logicism and the neo-Fregean project. Axiomathes, 2014, 24 (2): 207-243.

Sellars W. Empiricism and the Philosophy of Mind. Cambridge, MA: Harvard University Press, 1997.

Shapiro S. Identity, indiscernibility, and ante rem structuralism: The tale of i and $-i$. Philosophia Mathematica, 2008, 16 (3): 285-309.

Shapiro S. Mathematical structuralism. Philosophia Mathematica, 1996, 4 (2): 81-82.

Shapiro S. Philosophy of Mathematics: Structure and Ontology. Oxford: Oxford University Press, 1997.

Shapiro S. Structure and identity in modality and identity//MacBride F. New Essays in Metaphysics and the Philosophy of Mathematics. Oxford: Oxford University Press, 2006: 109-145.

Shapiro S. Structure and ontology. Philosophical Topics, 1989, 17 (2): 45-71.

Shapiro S. Thinking about Mathematics: The Philosophy of Mathematics. New York: Oxford University Press, 2000.

Sober E. Mathematics and indispensability. The Philosophical Review, 1993, 102 (1): 35-57.

Steel J. Generic absoluteness and the continuum problem. 2004. http: //www.lps.uci.edu/ home/conferences/Laguna-Workshops/LagunaBeach2004/laguna1.pdf.

Steiner M. Platonism and the causal theory of knowledge. The Journal of Philosophy, 1973, 70 (3): 57-66.

Teh N J, Tsementizis D. Theoretical equivalence in classical mechanics and its relationship to duality. Studies in History and Philosophy of Modern Physics, 2017, 59: 44-54.

Tennant N. Anti-Realism and Logic: Truth as Eternal. Oxford: Clarendon Press, 1987.

Thébault K. Quantization as a guide to ontic structure. British Journal for the Philosophy of Science, 2016, 67 (1): 89-114.

Tulczyjew W M. Hamiltonian systems, Lagrangian systems, and the Legendre transformation. Symposia Mathematica, 1974, 14: 247-258.

Tulczyjew W M. The legendre transformation. Annales de L' I.H.P. Section A, 1977, 1: 101-114. ArXiv: 1405.0748v1.

Wallace D. In Defence of Naiveté: The Conceptual Status of Lagrangian Quantum Field Theory. Synthese, 2006, 151: 33-80.

Wallace D. Taking Particle Physics Seriously: A Critique of the Algebraic Approach to Quantum Field Theory, Studies in History and Philosophy of Modern Physics, 2011, 42 (2): 116-125.

Weistein A. Symplectic geometry. Bulletin of the American Mathematical Society, 1981, S (1): 1-13.

Wetzel L. Dummett's criteria of singular terms. Mind, 1990, 99 (394): 239-254.

Wight C. Frege's Conception of Numbers as Objects. Aberdeen: Aberdeen University Press, 1983.

Woodin W H. The continuum hypothesis. Notices of the American Mathematical Society, 2011, 48 (7): 234-248.

Worrall J. ed. The Ontology of Science. Aldershot: Dartmouth Pub Co, 1994.

Worrall J. Structural realism: The best of both worlds? Dialectica, 1989, 43 (1-2): 99-124.

Wright C, Hale B. Benacerraf's dilemma revisited. European Journal of Philosophy, 2002, 10 (1): 101-129.

Wright C. Truth and Objectivity. Cambridge, MA: Harvard University Press, 1992.

Wu C, Song S, Stanley Lee E. Approximate solutions, existence and uniqueness of the cauchy problem of fuzzy differential equations. Journal of Mathematical Analysis and Applications, 1996, 202 (2): 629-644.